高等职业教育系列教材

C#程序设计任务式教程

主　编　张宗霞

参　编　高丽霞　张　磊　于林平　等

机 械 工 业 出 版 社

本书采用任务驱动模式编写，以任务为载体，贯穿讲解 C#语言基础知识、面向对象编程和数据库窗体编程等技术。本书分为 3 篇 8 个任务。第 1 篇主要以算法为引入点，介绍 C#数据类型、流程控制、数据类型转换、数组、字符串、异常处理等基础知识；第 2 篇以几何形状的面积周长计算等为例，介绍类和对象、继承和多态、抽象类和接口等面向对象编程技术；第 3 篇主要以学生成绩管理系统为载体，介绍窗体编程、文件操作、数据库编程。每个任务后均配有小结、习题和实训任务，方便读者进一步巩固知识、增强实践能力。本书以 Visual Studio 2013 为开发平台，所示代码规范正确，实现步骤详尽。

本书是一本 C#的入门书，可作为高职高专计算机相关专业学生的教材，也可作为培训机构的培训教材和编程爱好者的自学读物。

本书配有授课电子课件和源代码，需要的教师可登录 www.cmpedu.com 免费注册、审核通过后下载，或联系编辑索取（QQ：1239258369，电话：010-88379739）。

图书在版编目（CIP）数据

C#程序设计任务式教程/张宗霞主编．—北京：机械工业出版社，2017.9（2024.1 重印）
高等职业教育系列教材
ISBN 978-7-111-57483-5

Ⅰ．①C…　Ⅱ．①张…　Ⅲ．①C 语言-程序设计-高等职业教育-教材
Ⅳ．①TP312.8

中国版本图书馆 CIP 数据核字（2017）第 173836 号

机械工业出版社（北京市百万庄大街 22 号　邮政编码 100037）
策划编辑：鹿　征　　责任编辑：鹿　征
责任校对：张艳霞　　责任印制：郜　敏
北京富资园科技发展有限公司印刷

2024 年 1 月第 1 版・第 6 次印刷
184mm×260mm・15 印张・359 千字
标准书号：ISBN 978-7-111-57483-5
定价：49.80 元

电话服务
客服电话：010-88361066
　　　　　010-88379833
　　　　　010-68326294

网络服务
机　工　官　网：www.cmpbook.com
机　工　官　博：weibo.com/cmp1952
金　　书　　网：www.golden-book.com
机工教育服务网：www.cmpedu.com

高等职业教育系列教材计算机专业

编委会成员名单

出 版 说 明

《国家职业教育改革实施方案》（又称“职教20条”）指出：到2022年，职业院校教学条件基本达标，一大批普通本科高等学校向应用型转变，建设50所高水平高等职业学校和150个骨干专业（群）；建成覆盖大部分行业领域、具有国际先进水平的中国职业教育标准体系；从2019年开始，在职业院校、应用型本科高校启动“学历证书+若干职业技能等级证书”制度试点（即1+X证书制度试点）工作。在此背景下，机械工业出版社组织国内80余所职业院校（其中大部分院校入选“双高”计划）的院校领导和骨干教师展开专业和课程建设研讨，以适应新时代职业教育发展要求和教学需求为目标，规划并出版了“高等职业教育系列教材”丛书。

该系列教材以岗位需求为导向，涵盖计算机、电子、自动化和机电等专业，由院校和企业合作开发，多由具有丰富教学经验和实践经验的“双师型”教师编写，并邀请专家审定大纲和审读书稿，致力于打造充分适应新时代职业教育教学模式、满足职业院校教学改革和专业建设需求、体现工学结合特点的精品化教材。

归纳起来，本系列教材具有以下特点：

1）充分体现规划性和系统性。系列教材由机械工业出版社发起，定期组织相关领域专家、院校领导、骨干教师和企业代表召开编委会年会和专业研讨会，在研究专业和课程建设的基础上，规划教材选题，审定教材大纲，组织人员编写，并经专家审核后出版。整个教材开发过程以质量为先，严谨高效，为建立高质量、高水平的专业教材体系奠定了基础。

2）工学结合，围绕学生职业技能设计教材内容和编写形式。基础课程教材在保持扎实理论基础的同时，增加实训、习题、知识拓展以及立体化配套资源；专业课程教材突出理论和实践相统一，注重以企业真实生产项目、典型工作任务、案例等为载体组织教学单元，采用项目导向、任务驱动等编写模式，强调实践性。

3）教材内容科学先进，教材编排展现力强。系列教材紧随技术和经济的发展而更新，及时将新知识、新技术、新工艺和新案例等引入教材；同时注重吸收最新的教学理念，并积极支持新专业的教材建设。教材编排注重图、文、表并茂，生动活泼，形式新颖；名称、名词、术语等均符合国家有关技术质量标准和规范。

4）注重立体化资源建设。系列教材针对部分课程特点，力求通过随书二维码等形式，将教学视频、仿真动画、案例拓展、习题试卷及解答等教学资源融入到教材中，使学生学习课上课下相结合，为高素质技能型人才的培养提供更多的教学手段。

由于我国高等职业教育改革和发展的速度很快，加之我们的水平和经验有限，因此在教材的编写和出版过程中难免出现疏漏。恳请使用本系列教材的师生及时向我们反馈相关信息，以利于我们今后不断提高教材的出版质量，为广大师生提供更多、更适用的教材。

机械工业出版社

前　言

C#作为微软重磅推出的一种编程语言，由于具备简洁的语法、完全的面向对象特性、完整的安全性和与 Web 紧密结合等特征，目前广泛用于桌面、Web 和移动等应用程序的开发。

全书采用任务驱动模式编写，分为三大部分，共 8 个任务，讲解如何利用 C#语言开发控制台应用程序和窗体应用程序。在完成任务的过程中，既贯穿讲解了 C#的语法细节，又重点介绍如何利用 C#的面向对象思想解决实际问题。

第 1 篇“C#语言基础”，由任务 1 ~ 任务 3 构成，介绍 C#基础知识。

任务 1 编写第一个 C#程序，通过完成一个简单的控制台应用程序和窗体应用程序，对 C#语言进行概述，包括 C#的特点、. NET 平台、Visual Studio 2013 开发平台的简单使用、C#程序基本结构、C#程序编译执行机制等内容。

任务 2 猜数，以猜数为例，介绍 C#基本语法，主要包括 C#的数据类型、变量和常量、流程控制、数据类型转换和异常处理。

任务 3 排序，通过完成确定数量和不确定数量的排序，学习数组和字符串的相关知识。

第 2 篇“面向对象编程”，由任务 4 和任务 5 构成，介绍 C#的面向对象编程技术。这部分是本书的重点和难点，需要读者在实践中用心体会面向对象编程思想。

任务 4 几何计算，以计算长方形、圆和三角形的周长和面积为例，介绍 C#面向对象编程基础知识，包括类和对象的概念、类和类的成员、方法重载、继承和多态、抽象类等。在任务不断改进和完善的过程中，不断渗透相关知识的讲解。

任务 5 媒体播放器，通过完成一个简易的媒体播放器，学习接口和简单工厂模式，加深对面向对象编程思想的理解。

第 3 篇“数据库窗体编程”，由任务 6 ~ 任务 8 构成，利用“学生成绩管理系统”项目介绍窗体编程、文件操作和数据库编程等相关知识和技术，是全书的重点。

任务 6 学生信息管理，以“学生成绩管理系统”的子模块“学生信息管理”为载体，介绍窗体编程，主要包括窗体和常用控件的常用属性、事件和方法，并强调控件的命名规范。

任务 7 学生信息管理，仍以“学生成绩管理系统”的子模块“学生信息管理”为载体，介绍文件操作，主要包括 FileStream、StreamWriter 和 StreamReader 类的使用，泛型集合类 List < T > 和 DataGridView 控件的简单使用。

任务 8 学生成绩管理系统，以“学生成绩管理系统”为载体，学习数据库编程，主要是利用 ADO. NET 组件完成对数据库中数据的增删改查。

本教材具备以下特点。

1）项目引领，任务驱动。以任务为驱动，在实现任务的过程中贯穿相关知识的介绍。

2）任务的选取和安排符合高职学生特点。任务的选取遵循“真实、有用、有趣”的原则，易于激发高职学生的学习热情；任务和相关知识点的安排符合高职学生认知和职业能力培养的基本规律，由浅入深，循序渐进。

3）突出职业能力培养，注重职业素质教育。教材中“学生成绩管理系统”等项目的开发按照实际工作中软件开发的流程进行，锻炼学生的软件开发能力；教材提供的代码规范，有助于学生养成编码规范的良好习惯；任务实现在引导学生发现问题、解决问题的过程中不断完善，有助于培养学生的独立思考和发现问题、解决问题的能力；每个任务后均配备相关联的、供学生独立或分组完成的实训任务，有助于培养学生的自我学习能力、团队合作能力和沟通表达能力。

4）注重实践性的同时，兼顾理论知识的系统性和完整性。8 个有代表性的任务，全面涵盖了 C#的主要语法、技术和思想，让读者通过本书的学习具备 C#桌面应用程序开发能力。

5）步骤讲解详尽，并突出编程思想的培养。对于略复杂的任务，都先进行分析或介绍实现思路，注重解决问题能力和编程思想的培养。在具体实现任务的过程中，步骤详尽，每段代码都配有必要的讲解和注释，有利于读者的自学。

本书由张宗霞主编。具体编写分工为：任务 1、2、3、6 中的相关知识和小结由高丽霞编写，任务 2、3、6 中的任务描述和任务实现由张磊编写，任务 4、7、8 由张宗霞编写，任务 5 由于林平编写，本书中的习题和实训任务主要由苏玉萍和刘艳春编写。在此对全体编者近一年来的辛勤付出表示由衷的感谢。

本书中所有程序均在 Visual Studio 2013 环境下编译运行通过，免费提供所有源代码和电子课件，读者可到机械工业出版社教育服务网（http://www.cmpedu.com/）下载。

由于编者水平有限，书中难免有错误或纰漏之处，敬请广大读者的批评和指正。

编　者

目　录

第 1 篇　C#语言基础

第 2 篇　面向对象编程

第3篇 数据库窗体编程

第 1 篇　C#语言基础

任务 1　C#语言概述——编写第一个 C#程序

本章以“编写第一个 C#程序”为任务载体，讲解 Visual C#及其编程环境。通过本章的学习，使读者：

- 了解 C#语言及其语言特点；
- 了解 .NET 开发平台，熟悉开发环境；
- 掌握在 .NET 平台下进行控制台应用程序开发；
- 掌握在 .NET 平台下进行窗体应用程序开发。

1.1　任务描述

在“编写第一个 C#程序”中，需要实现的内容如下。

（1）编写控制台应用程序

根据任务 1 的基础知识模拟实现软件的“查找”功能：当用户输入要搜索的学生姓名后，系统搜索并显示出该学生本学期所修课程名称及搜索到的条目数。

（2）编写窗体应用程序

应用窗体、按钮及消息框知识实现窗体应用程序，窗体标题为“第一个 C#程序”，当单击“欢迎”按钮时，弹出消息对话框，其标题为“询问”，消息内容为“是否进入C#世界?”，消息图标是表示询问的问号图标，对话框中显示“确定”和“取消”两个按钮，且第二个按钮为默认按钮，当用户单击“确定”按钮，则弹出消息对话框，标题为“系统提示”，消息内容为“欢迎进入 C#世界!”，对话框中只有一个“确定”按钮；当用户单击“取消”按钮，则关闭窗体结束程序。

1.2　编写控制台应用程序的相关知识

1.2.1　C#简介

C#语言（发音为 C sharp）是微软公司于2000 年6 月发布的一款面向对象的高级程序设计语言。它是一种安全、稳定、简洁的编程语言，由 C、C ++ 衍生而来，继承了 C ++ 语言的强大功能，并简化了 C ++ 语言在命名空间、类、方法重载等方面的操作。它摒弃了 C ++

语言中的多继承、宏等复杂特性，更安全，更易使用。熟悉 C、C ++ 语言的程序员可以很快地转向 C#程序开发。

C#运行于微软的 .NET 平台之上，Microsoft .NET 提供了一系列的工具和服务，使得程序员可以高效率地开发各种基于 Microsoft . NET 平台的应用程序。使用 C#能编写 Windows 应用程序、Web 应用程序和移动应用程序等。

C#语言具有语法简洁、面向对象程序设计、与 Web 紧密结合、基于 .NET Framework 等特点。

1.2.2 .NET 平台

.NET 是微软新一代技术平台，该平台允许 .NET 应用程序通过 Internet 进行通信和数据共享，而不管所采用的是哪种操作系统、设备或者编程语言。编程语言主要有 Visual C#、Visual Basic.NET、Visual C ++.NET、Visual J#等。

.NET Framework（.NET 框架），是新一代的集成开发框架，语言扩展性强，也能生成中间语言代码移植到不同操作系统平台上运行。

.NET Framework 包括两个重要组件：CLR（Common Language Runtime，公共语言运行库）和 .NET Framework 类库（包括 ADO.NET、WinForms、ASP.NET 和 WPF）。通过 . NET Framework 可以编写出 Windows 应用程序、Web 应用程序及 Web 服务等。

一个 .NET 应用程序是一个使用 .NET Framework 类库编写，并运行于 CLR（公共语言运行库）系统之上的应用程序。

1.2.3 开发环境

开发 C#应用程序，本书采用的是 Visual Studio 2013 集成开发环境。Microsoft Visual Studio 2013 是微软公司于 2013 年推出的一套先进的软件开发解决方案，通过 Visual Studio Ultimate 2013 可以开发出各种优秀的应用程序。Visual Studio 2013 提供了多种强大的工具和服务，而且方便易用。

1. 安装 Visual Studio 2013

完全安装 Visual Studio 2013 需要 10. 23GB 的空间，所以在安装之前首先要确定计算机安装目录下有足够的硬盘空间。

双击鼠标运行 Visual Studio 2013 软件的安装程序，将出现安装程序的提示界面，如图 1-1 所示。在界面中选中“我同意许可条款”复选框，则进入图 1-2 所示的安装界面中，单击“下一步”按钮。

图 1-1 Visual Studio 2013 安装提示界面

图 1-2 Visual Studio 2013 安装界面

在“要安装的可选功能”界面中，如图 1-3 所示，单击“安装”按钮，安装程序开始加载安装组件，需要耐心等待，直到软件安装完毕，如图 1-4 所示，单击“立即重新启动”按钮即可。

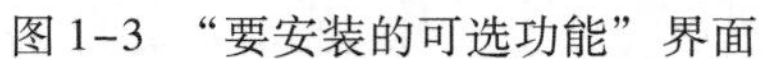

图 1-3 “要安装的可选功能”界面　　图 1-4 “安装已完成”界面

2. 集成开发环境介绍

启动 Visual Studio 2013 后，单击“文件”菜单中的“新建”命令，在子菜单中选择“项目”命令，弹出“新建项目”对话框，如图 1-5 所示。在对话框左侧“模板”选项中，选择“Visual C#”，在中间列表中选择应用程序选项。在对话框下方的项目“名称”输入框中输入项目名，并通过“浏览”按钮输入项目的创建“位置”。

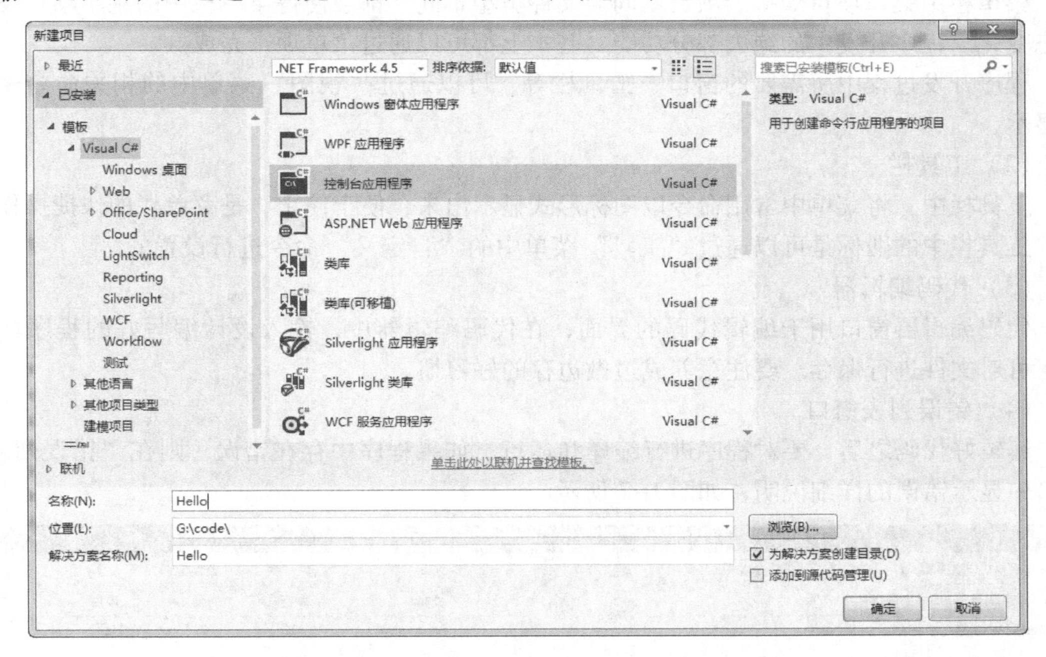

图 1-5 “新建项目”对话框

单击“确定”按钮进入 Visual Studio 2013 集成开发环境的编辑页面，开发环境包括菜单栏、工具栏、代码编辑器、窗体设计器、工具箱、解决方案资源管理器、属性窗口、错误列表窗口、输出窗口等，如图 1-6 所示。

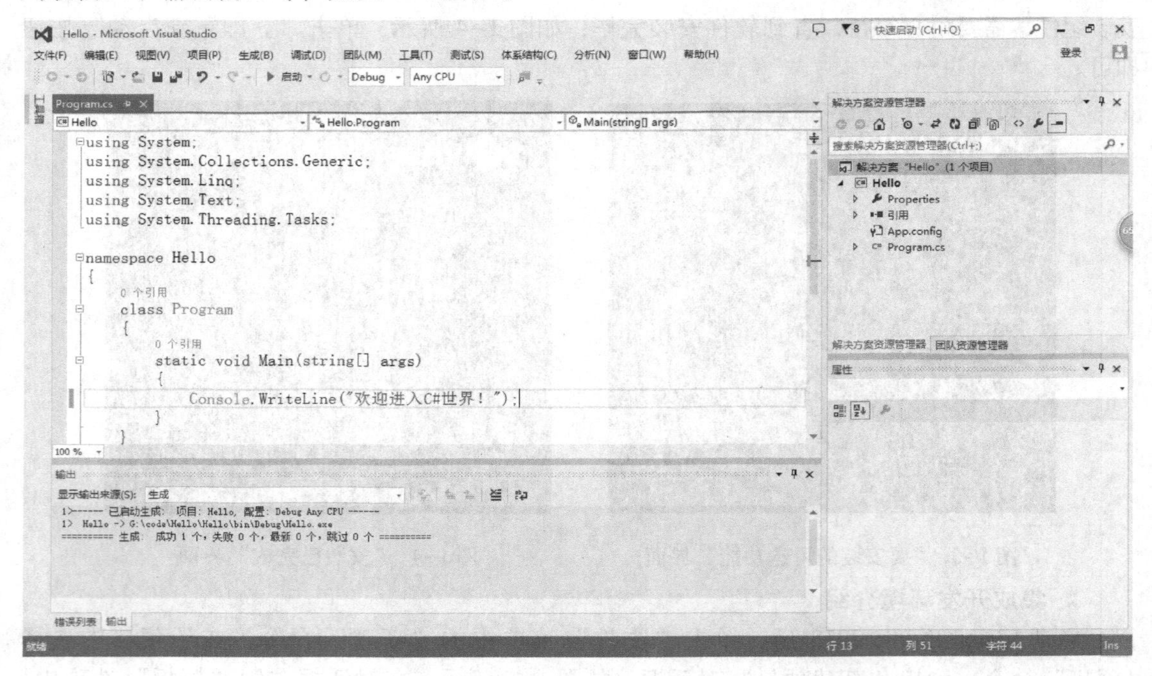

图 1-6　Visual Studio 2013 集成开发环境

（1）菜单栏

菜单栏中菜单项目众多。项目不同、文件类型不同，都会使得菜单栏中的菜单项目发生动态变化。程序开发中的绝大部分功能，基本上都可以通过菜单项来完成。

程序开发过程中所需要的窗口、工具栏等，可以通过“视图”菜单中的相关命令来使其显示。

（2）工具栏

工具栏中，将菜单中常用命令以图标形式显示出来，便于使用，是菜单栏的快捷操作方式。工具栏中的图标是可以通过“工具”菜单中的“自定义”命令进行设置的。

（3）代码编辑器

代码编辑器窗口用于编辑代码的界面，在代码编辑器中，输入设计编写好的程序代码后，可对文件进行保存。要注意养成边做边存的好习惯。

（4）错误列表窗口

编辑好代码之后，要对程序进行编译和运行，如果程序中存在错误，则在“错误列表”窗口中显示错误的详细说明，如图 1-7 所示。

图 1-7　“错误列表”窗口

（5）输出窗口

这个窗口用于输出编译的信息，包括出错信息和警告信息。

（6）工具箱

在编写窗体程序时使用，并通过分组显示的方式提供窗体控件，在每个分组中以字母顺序排列控件。C#窗体应用程序开发环境如图 1-8 所示。

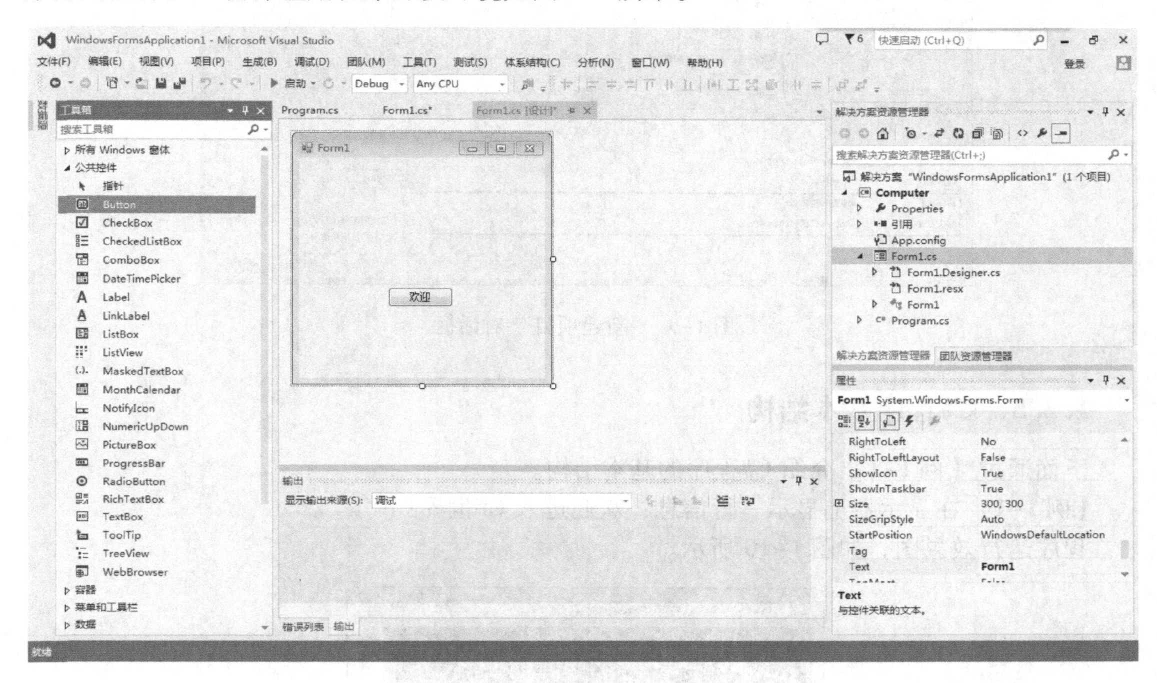

图 1-8　窗体程序开发环境

（7）解决方案资源管理器

在 C#程序中，一个解决方案里面可以包含多个项目，每个项目又包含多个文件，可以通过解决方案资源管理器窗口查看、打开、编辑 C#文件。

（8）属性窗口

属性窗口在编写 Windows 应用程序和 Web 应用程序时尤其重要，主要用于设置项目中控件等元素的属性特征。

1.2.4　解决方案和项目

在 .NET 中，解决方案是管理各个项目的，一个解决方案里面可以包含一个或者多个不同类型的项目。一般添加的项目类型主要有以下几种：Windows 窗体应用程序、WPF 应用程序、控制台应用程序、Web 应用程序和类库等。

项目是解决方案的下一级，在“新建项目”时，要同时设置“解决方案”，根据需要可以选择“新建新解决方案”或者选择“添加到解决方案”，如图 1-9 所示。在默认情况下，项目名称、项目文件夹名称、程序集名称、解决方案名称等都是相同的。

创建解决方案时系统会生成一个解决方案文件夹，在默认情况下解决方案名称与解决方案的文件夹名称相同。

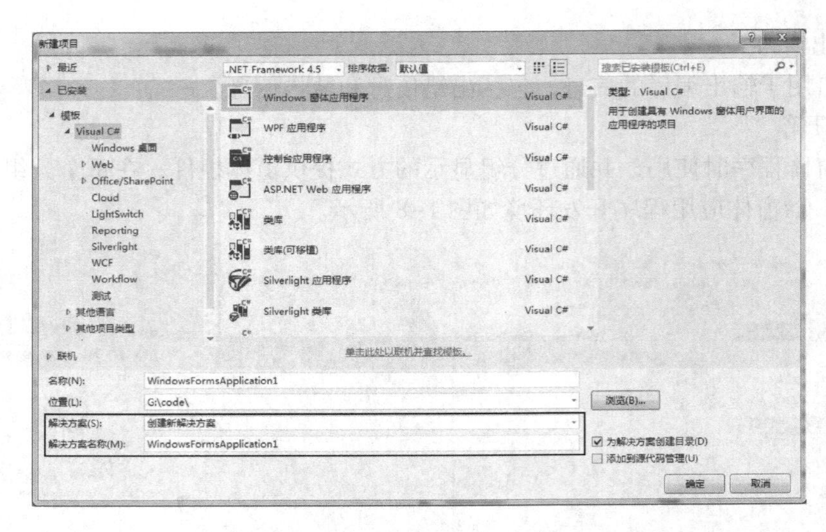

图 1-9 “新建项目”对话框

1.2.5 C#程序基本结构

下面通过【例 1-1】介绍 C#程序的基本结构。

【例 1-1】在显示器上显示一行信息：欢迎进入 C#世界！

程序运行效果图，如图 1-10 所示。

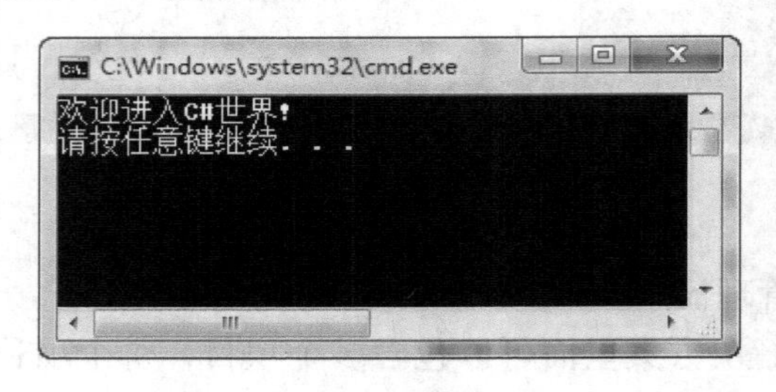

图 1-10 【例 1-1】程序运行效果图

程序源代码如下：

```
using System;                                    //导入 System 命名空间
namespace ConsoleApplication1                    //定义命名空间
{
    class Program                                //定义类
    {
        static void Main(string[] args)          //程序入口
        {
            /*【例 1-1】
             *在显示器上显示一行信息:欢迎进入 C#世界!
             */
            Console.WriteLine("欢迎进入 C#世界!");
        }
```

```
    }
}
```

1. 命名空间

在【例 1-1】程序中，第一行程序语句，通过 using 将 System 命名空间导入，这样当前程序就可以直接访问 System 命名空间中所有类的操作，而不需要重新编写代码。

C#程序是用命名空间来组织代码的，在【例 1-1】程序中，第二行代码，通过关键字 namespace 定义了命名空间 ConsoleApplication1，命名空间 ConsoleApplication1 包含了 Program 类。

2. 类

C#程序由一个或多个类组成，类由关键字 class 定义，类包含了程序使用的数据和方法声明。类一般包含多个方法。方法定义了类的行为。在【例 1-1】中，Program 类只有一个 Main( )方法。

类定义由类头部分和类体部分组成，类体部分以"{" 开始，以 "}" 结束。

3. Main( )方法

方法类似于函数，用以完成特定的功能。在【例 1-1】中定义了一个 Main( )方法。任何一个 C# 应用程序，都必须有一个 Main( )方法，Main( )方法是整个应用程序的入口，程序执行总是从 Main( )方法开始的。Main( )方法对于 C# 程序来讲，是必需的，也是唯一的。方法的执行从"{" 开始，到 "}" 结束。

4. 程序语句

Main( )方法通过语句 "Console. WriteLine("欢迎进入 C#世界!");" 指定了它的行为。

WriteLine( )是一个定义在 System 命名空间中的 Console 类的一个输出方法。该语句的功能是在控制台屏幕上输出显示字符串消息 "欢迎进入 C#世界!"。

在 C#中，用 ";" 表示程序语句的结束。任何一个语句都是以分号结束的，所以在一行上可以写多条语句，每个语句以分号结束即可。为使程序更具可读性，一般都是一行写一条语句，不能把一条语句分多行写。使用大括号"{" 和"}" 表示代码块的开始和结束，大括号必须成对使用，可以嵌套。

C#代码区分大小写，例如 Console. WriteLine 与 console. writeLine 是不同的。

书写程序代码，如图 1-11 所示，必须注意书写规范，恰当地使用缩进显示程序段。

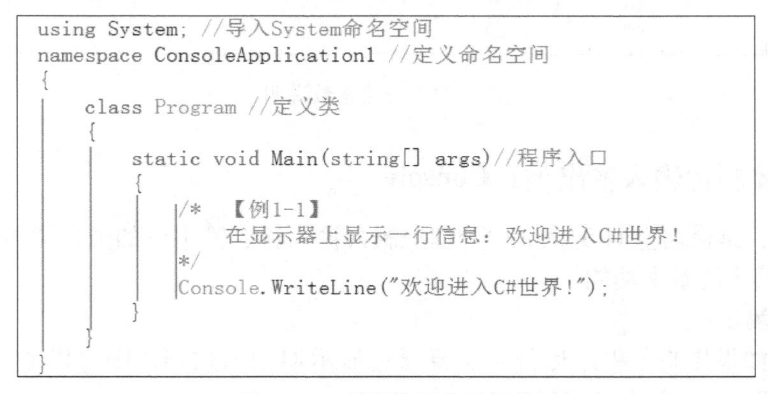

图 1-11 程序代码书写规范

而图 1-12 所示书写程序代码，虽然程序运行正常，但是程序的可读性差。

```
using System;

namespace ConsoleApplication2{class Program{

static void Main(string[] args){
Console.WriteLine("欢迎进入C#世界！");}
}}
```

图 1-12　程序代码书写混乱

5. 注释语句

在 C# 程序中，为了提高程序的可读性，常常要给程序适当地添加注释语句，注释语句不被编译器编译，也不被执行。常用的有三种注释语句。

1）单行注释：以左双斜杠“//”开始，以行末结束。

2）多行注释：在要注释的多行前后加上“/*”和“*/”。

3）对方法、属性等的说明注释符“///”，可以对属性、方法、类进行说明，也可以对方法的参数进行说明，以后调用该方法时，系统会自动提示方法的参数情况，效果如图 1-13 所示。

```
class Program //定义类
{

    static void Main(string[] args)//程序入口
    {
        /*  【例1-1】
            在显示器上显示一行信息：欢迎进入C#世界！
        */
        Console.WriteLine("欢迎进入C#世界!");
        Program p1 = new Program();
        p1.show();
    }    void Program.show()
         自定义方法show()，无参数
    /// <summary>
    /// 自定义方法show()，无参数
    /// </summary>
    1 个引用
    void show()
    {
        Console.WriteLine("祝您愉快！");
    }
}
```

对方法show()调用时，系统自动提示方法的参数情况

图 1-13　方法参数说明

1.2.6　控制台输入输出类：Console

Console 类，是命名空间 System 中处理控制台输入流、输出流的类，通过这个类可以实现控制台读写操作的基本功能。

1. 控制台输出

在 C#中，如果控制台程序运行时需要通过显示器输出数据，则可以通过 Console 类的 WriteLine( )和 Write( )方法来实现。

Console. WriteLine(参数) 方法的作用，是将数据输出到控制台，而且输出后换行。Console. Write(参数)方法，将数据输出到控制台后，不换行，光标停留在所输出信息的末尾。Console 类是 System 命名空间的成员，在程序开头需要通过“using System”导入命名空间，否则使用时必须指定 System 命名空间，语法如下所示：

```
System. Console. WriteLine(参数);
```

WriteLine()方法十分有用，在编写控制台应用程序时会经常用到它。

【例 1–2】 编写控制台程序，显示个人信息。

程序运行效果图，如图 1–14 所示。

图 1–14 【例 1–2】程序运行效果图

程序源代码如下：

```
using System;
namespace StudentInfo
{
    class Program
    {
        static void Main(string[ ] args)
        {
            Console. WriteLine("个人信息:");
            Console. WriteLine("--------------------");
            Console. Write("姓名:");
            Console. WriteLine("王小明");
            Console. Write("性别:");
            Console. WriteLine("男");
            Console. ReadKey( );
        }
    }
}
```

在【例 1–2】中，显示器上输出 4 行信息，其中第一行“个人信息:”的输出是由 WriteLine()方法控制，所以数据单独占一行，信息输出后，光标另起一行；而 Write()方法输出后不换行，所以第三行数据“姓名:”输出后不换行，光标停留在输出信息末尾，所以其后的语句“Console. WriteLine("王小明");”的输出“王小明”与“姓名:”显示在同一行。

如果需要显示若干个项，则使用数据占位符，{0}表示第一项，{1}表示第二项，以此类推。

【例 1–3】 编写控制台程序，显示用户姓名及年龄两项数据。

程序运行效果图，如图 1–15 所示。

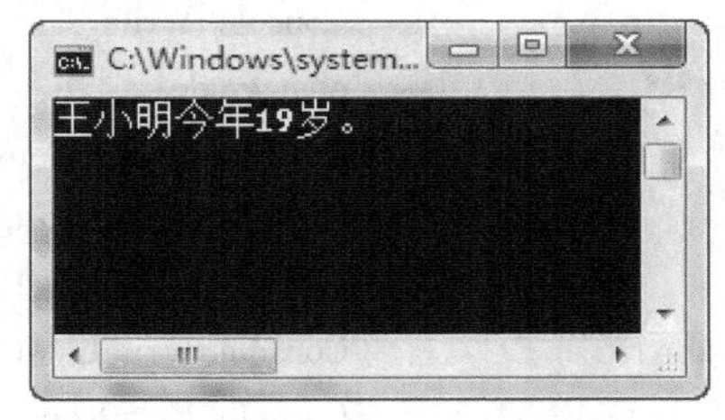

图 1–15 【例 1–3】程序运行效果图

程序源代码如下：

```
using System;
namespace StudentInfo
{
    class Program
    {
```

```
            static void Main(string[] args)
            {
                string name = "王小明";
                int age = 19;
                Console.WriteLine("{0}今年{1}岁。",name,age );
                Console.ReadKey();
            }
        }
    }
```

在【例1-3】中，定义了字符串变量 name，用于存储字符串类型数据“王小明”，定义了整型变量 age，存储年龄 19，语句“Console. WriteLine("{0}今年{1}岁。",name,age);”通过{0}、{1}两个数据占位符将一一对应地输出变量 name 和 age 中的值。

2. 控制台输入

在 C#控制台应用程序中，有两种方法实现用户输入所需数据，ReadLine()和 Read()方法。ReadLine()方法用于读取一行数据，该方法一直读取字符，一次读取一行字符的输入，直到用户按下〈Enter〉键，然后将用户输入的字符串返回到 string 字符串类型的对象中。

要读取单个字符，则使用 Read()方法，该方法一次只能从输入流中读取一个字符，并且直到用户按下〈Enter〉键才表示输入结束，此方法的返回值是一个表示输入字符的整数 int 类型，所以要显示字符就必须转换为 char 类型。

【例 1-4】询问用户姓名及等级，并输出信息。

程序运行效果图，如图 1-16 所示。

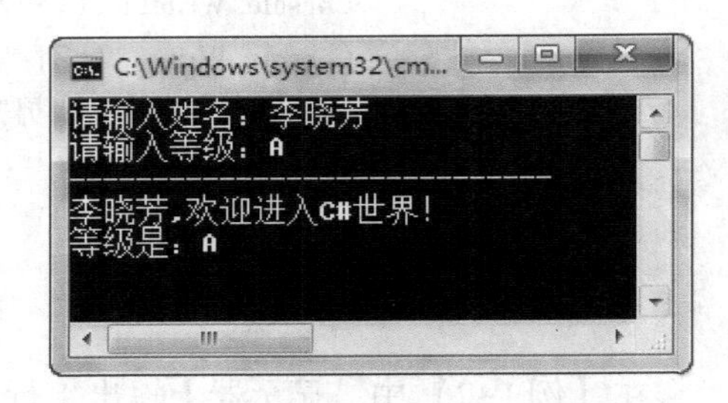

图 1-16 【例 1-4】程序运行效果图

程序源代码如下：

```
using System;

namespace StudentInfo
{
    class Program
    {
        static void Main(string[] args)
        {
            Console.Write("请输入姓名:");
            string name;
            name = Console.ReadLine();
            Console.Write("请输入等级:");
            char grade;
            grade = (char) Console.Read();
            Console.WriteLine("--------------------------------");
            Console.WriteLine("{0},欢迎进入 C#世界!",name);
            Console.WriteLine("等级是:{0}", grade);
            Console.ReadKey();
        }
```

```
    }
}
```

在【例1-4】中，执行语句“Console. Read( );”时，如果用户输入了多个字符，然后按〈Enter〉键，Read( )方法只返回第一个字符。

1.2.7 编译执行机制

传统的程序设计语言，如VB、C、C++等，通过系统编译器编译生成目标程序，然后再通过系统链接生成可执行程序，而后程序代码被运行。例如使用C语言编写的源程序.c文件，通过编译后生成.obj目标文件，然后通过链接生成.exe可执行程序，而后程序被运行。C语言程序编译运行机制如图1-17所示。

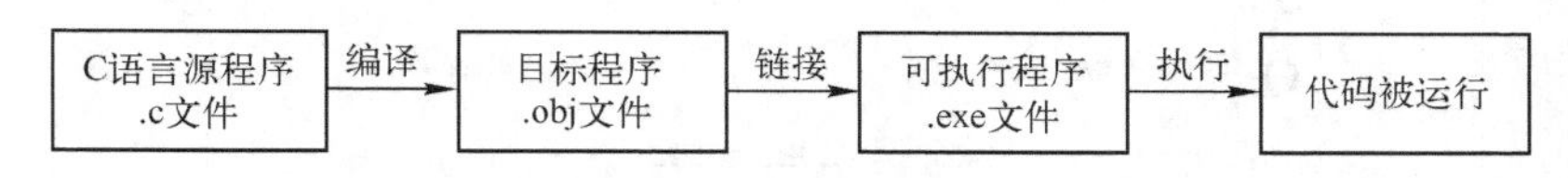

图1-17 C语言程序编译运行机制

在.NET开发平台下，不论使用哪种语言（如C#、VB.NET、J#等）编写的.NET源程序，首先都将被编译成MSIL（Microsoft Intermediate Language，微软中间语言）代码，MSIL是一种低级语言，定义了一系列与CPU类型无关的可移植指令集，可以快速地转换为内部机器码。使用MSIL中间语言代码，不仅可以实现平台无关性，还支持语言的互操作性。JIT（Just In Time，即时编译器）确切地知道程序运行在什么类型的处理器上，并负责将MSIL代码编译成目标机器代码。而后由CLR管理.NET应用程序的运行。CLR提供内存管理、线程管理、远程管理等服务，并保障程序代码的安全性和可靠性。例如使用C#语言编写的. NET应用程序的编译运行机制如图1-18所示。

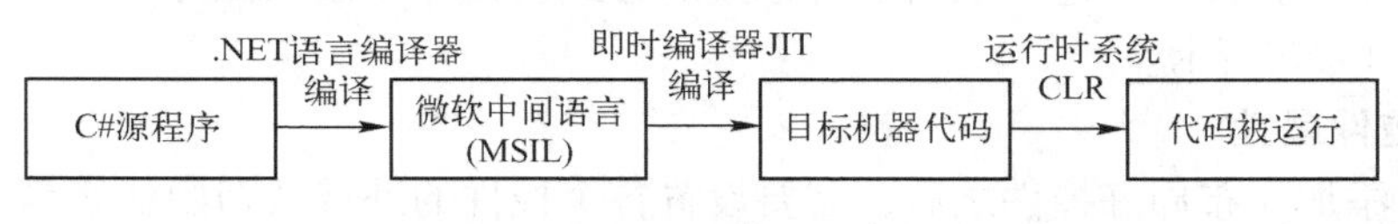

图1-18 C#语言程序编译运行机制

1.3 编写窗体应用程序的相关知识

1.3.1 窗体应用程序开发的一般步骤

在Visual Studio 2013集成开发环境下开发Windows窗体应用程序一般需要经过以下几个步骤。

1. 创建项目

启动Visual Studio 2013后，单击“文件”菜单中的“新建”命令，在子菜单中选择“项目”命令，弹出“新建项目”对话框，如图1-19所示。在对话框左侧“模板”选项中，选择“Visual C#”，在中间列表中选择“Windows窗体应用程序”选项。在对话框下方的项目“名称”输入框中输入项目名，并同时创建了“解决方案名称”，通过“浏览”按钮选择项目的创建“位置”。然后单击“确定”按钮，完成项目创建。

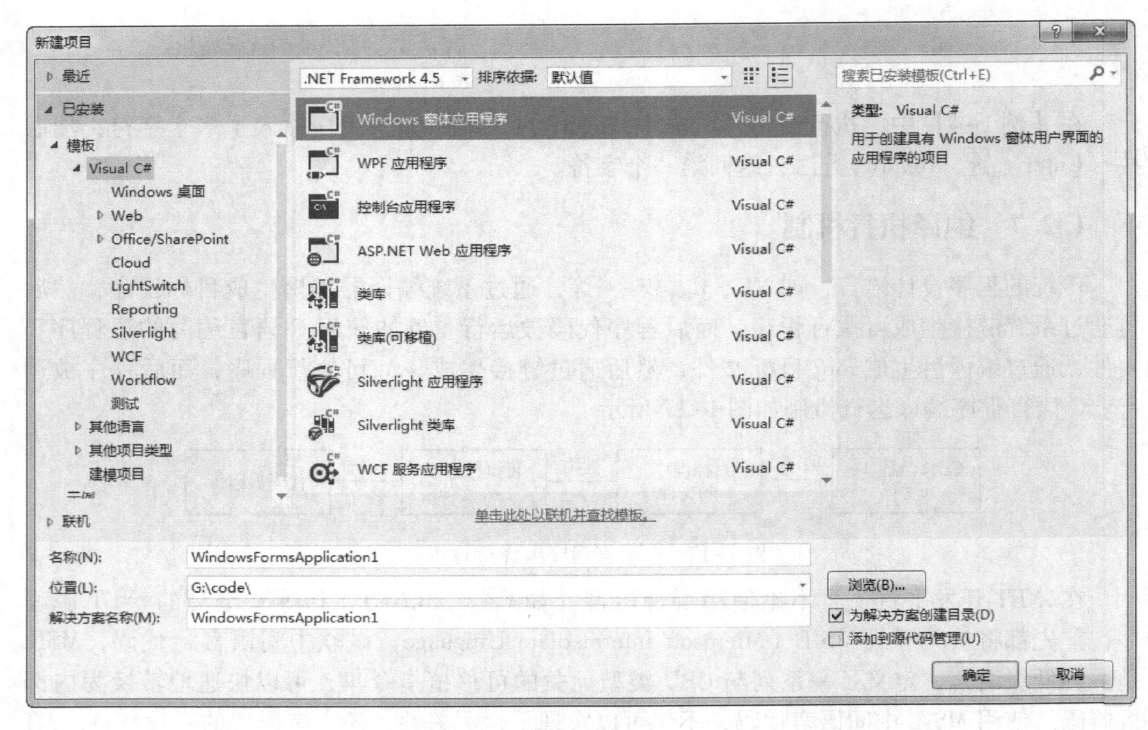

图 1-19 “新建项目”对话框

2. 设计用户界面

创建项目时，系统自动添加了 Form1 窗体，文件名为“Form1. cs”，根据项目的功能需求，从工具箱中选择控件，通过双击或者拖拽的方式向窗体中添加控件，并调整控件的大小和位置。如图 1-20 所示。

3. 设置控件属性

向窗体中添加、布局好控件之后，需要设置各个控件的外观及初始状态等属性。设置属性可以通过属性窗口完成，如图 1-21 所示。

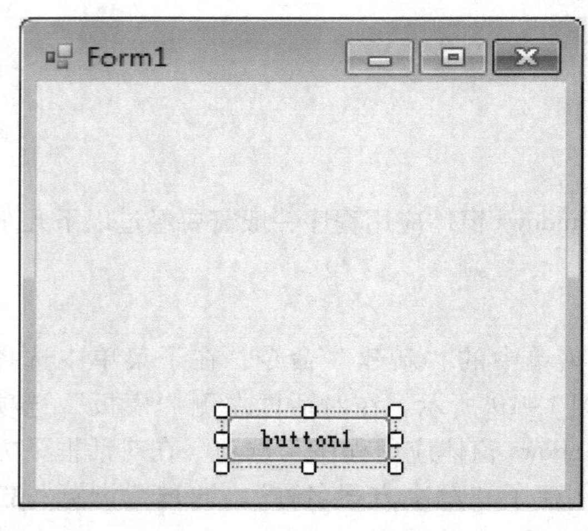

图 1-20 设计用户界面

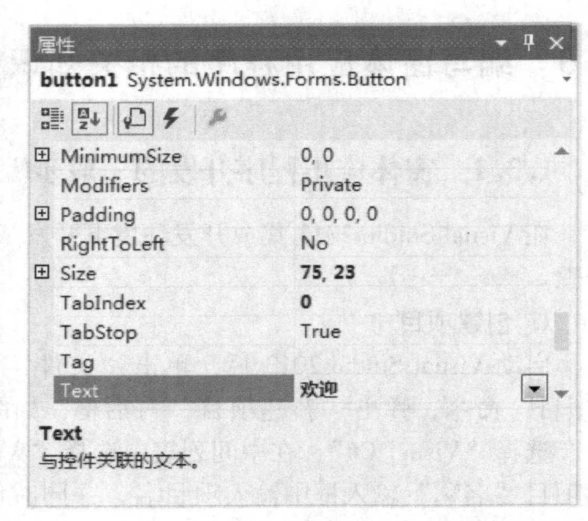

图 1-21 属性窗口

4. 编写事件代码

用户界面及控件属性设置完成后，开始编写事件代码。首先在窗体中单击要编写事件代码的控件，使该控件呈现被选中状态，然后在属性窗口中单击“事件”按钮，在“事件列表”中双击事件名称，如图 1–22 所示，可以直接打开代码编辑器，并且 Visual Studio 2013 集成开发环境将自动完成响应该事件的程序代码框架，如图 1–23 所示，而后在代码框架中完成代码编写。

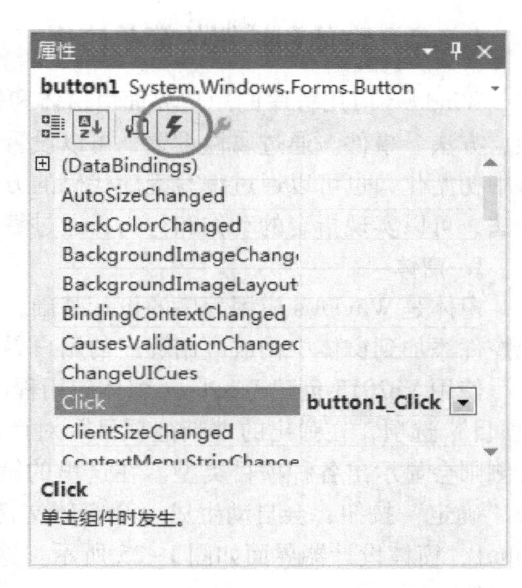

图 1–22　属性窗口中事件列表

5. 编译调试运行程序

程序代码编写完成后，对程序进行编译、调试和运行。按〈Ctrl + S〉组合键对文件进行保存，然后按〈Ctrl + F5〉组合键编译并运行程序。如果程序没有错误，程序就可以正常运行了。

如果程序中存在错误，则程序不能正常运行，并在“错误列表”中显示错误详细信息，如图 1–24 所示。在错误说明的条目上双击，系统会自动将光标定位在出错位置。对错误进行修改后，再重复保存、编译和运行等操作，测试程序、调试程序和修改程序反复进行，尽可能地使程序优化。

Form1.cs　Form1.cs [设计]
WindowsFormsApplication1　WindowsFormsApplication1.Form1　button1_Click(object sender, EventArgs e)

```
    3 个引用
    public partial class Form1 : Form
    {
        1 个引用
        public Form1()
        {
            InitializeComponent();
        }

        1 个引用
        private void button1_Click(object sender, EventArgs e)
        {
            MessageBox.Show("欢迎进入C#世界！","系统提示");
        }
    }
}
```

100 %

图 1–23　代码编辑器窗口

错误列表

1 个错误　0 个警告　0 个消息　搜索错误列表

	说明	文件	行	列	项目
1	应输入 ;	Form1.cs	22	49	WindowsFormsApplication1

图 1–24　错误列表

1.3.2 窗体和按钮的简单使用

Windows 应用程序的用户界面由窗体和按钮等其他控件构成，窗体和控件都有自己的属性、方法、事件。通过属性设置，可以设置窗体或控件的外观和形式，属性值可以在属性窗口中初始化，也可以通过编写程序代码的方式，在程序运行过程中改变其值；通过调用相应方法，可以实现指定的动作和行为；通过编写事件代码，可以响应用户的操作。

1. 窗体

窗体是 Windows 应用程序的设计基础，是用户界面设计的容器，用于装载其他控件，其他控件添加到窗体中构成应用程序的用户界面。

使用 VS2013 创建 Windows 窗体应用程序。单击“文件”菜单，选择“新建”命令中的“项目”选项，在弹出的“新建项目”对话框中，左侧有已安装模板列表，选择 Visual C#，右侧则会显示出各种项目类型。在这里的第一项就是“Windows 窗体应用程序”，选择后单击“确定”按钮，会自动生成一个窗体文件，也就是在创建项目时，系统自动添加了窗体 Form1，窗体设计器界面如图 1-25 所示。这个窗体是主启动窗体，程序运行时会先运行这个窗体。

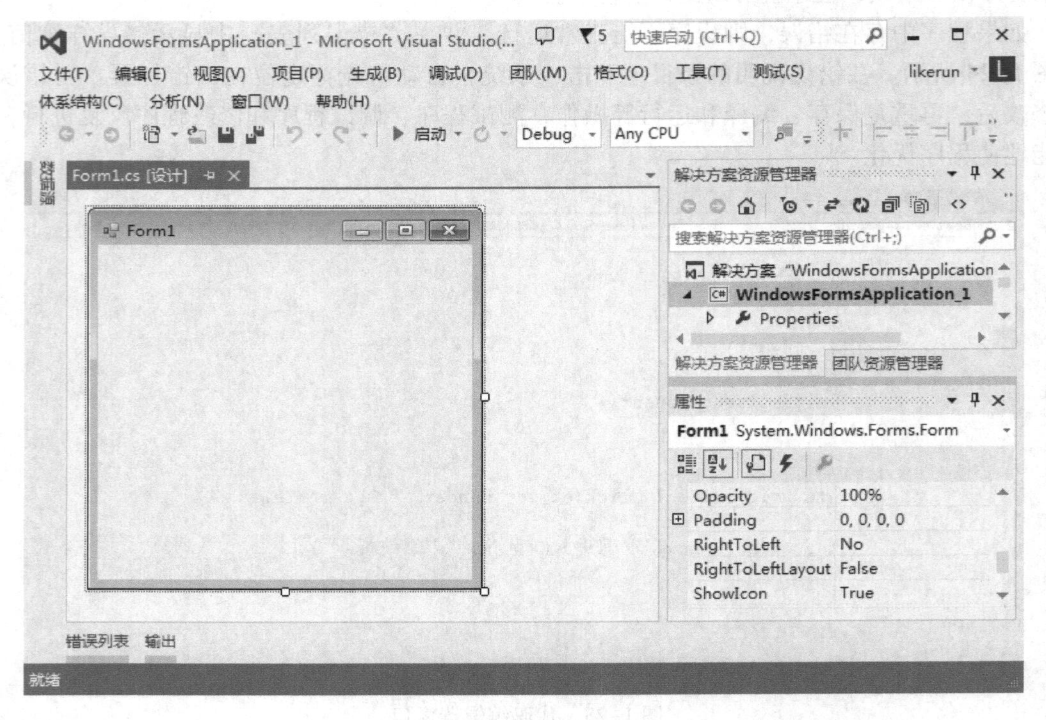

图 1-25 窗体设计器界面

在窗体设计器的右侧是属性面板，在属性面板中可以设置窗体的外观、样式等属性。如图 1-26 所示。

在属性面板中，左侧是属性名，右侧是对应的属性值，先在左侧选择要设置、修改的属性名称，然后在右侧输入或者选择属性值。例如：在左侧选择窗体的“Text”属性，右侧默

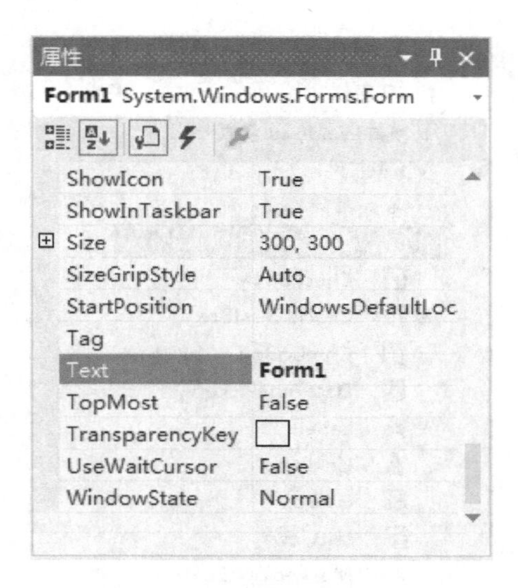

图 1-26　窗体的属性面板

认的属性值是“Form1”，单击属性值的输入框，可以修改属性值。

窗体的主要属性见表 1-1。

表 1-1　窗体的主要属性

属　　性	说　　明
Name	窗体名称，是窗体对象的唯一标识，编写代码时，通过窗体名称引用该窗体。默认名称 Form1，在属性窗口中，可以对 name 属性值进行重命名
BackColor	设置窗体背景颜色的属性
ControlBox	确定窗体是否有控制菜单，默认值为 True，表明窗体上显示控制菜单
ForeColor	设置前景色，用于显示文本
FormBorderStyle	设置窗体边框和标题栏的样式和行为，该属性有 7 个值可选择
Icon	设置窗体的图标，显示在窗体的控制菜单框中，以及在窗体最小化时显示
Location	设置窗体在屏幕中的显示位置，即设置窗体左上角的坐标值
MaximumBox	设置窗体标题栏的右上角是否有最大化按钮，默认值为 True，表明窗体上有最大化按钮
MinimizeBox	设置窗体标题栏的右上角是否有最小化按钮，默认值为 True，表明窗体上有最小化按钮
Size	设置窗体大小的属性，即窗体的宽度和高度，以像素为单位
Text	窗体标题属性，是窗体标题栏中显示的文本信息，用于表明窗体的功能和作用。可以在属性窗口中对该属性进行设置，也可以通过程序代码进行设置

2. 按钮

按钮控件 Button 是 Windows 应用程序中最常用的控件之一。单击“视图”菜单中的“工具箱”选项，可以显示工具箱面板。在“工具箱”中，双击“Button”选项，如图 1-27 所示，就可以向窗体中添加一个按钮 button1。或者先在“工具箱”中单击“Button”选项，然后用鼠标拖拽的方式在 Form 窗体设计器中完成按钮的“绘制”。

图 1-27　窗体的属性面板

在窗体设计器中，单击添加的按钮 button1，在属性面板中将显示按钮 button1 的属性列表，从而可以查看、修改 button1 的属性。

在应用程序中，一般通过鼠标单击按钮的方式，来执行用户向应用程序发出的指令。当用鼠标单击按钮时，将触发 Button 的 Click 事件，从而执行该事件的程序代码。

在窗体设计器中，双击按钮 button1，系统就会自动切换到代码窗口，并创建了一个 Click 事件方法 button1_Click( )，如图 1-28 所示。

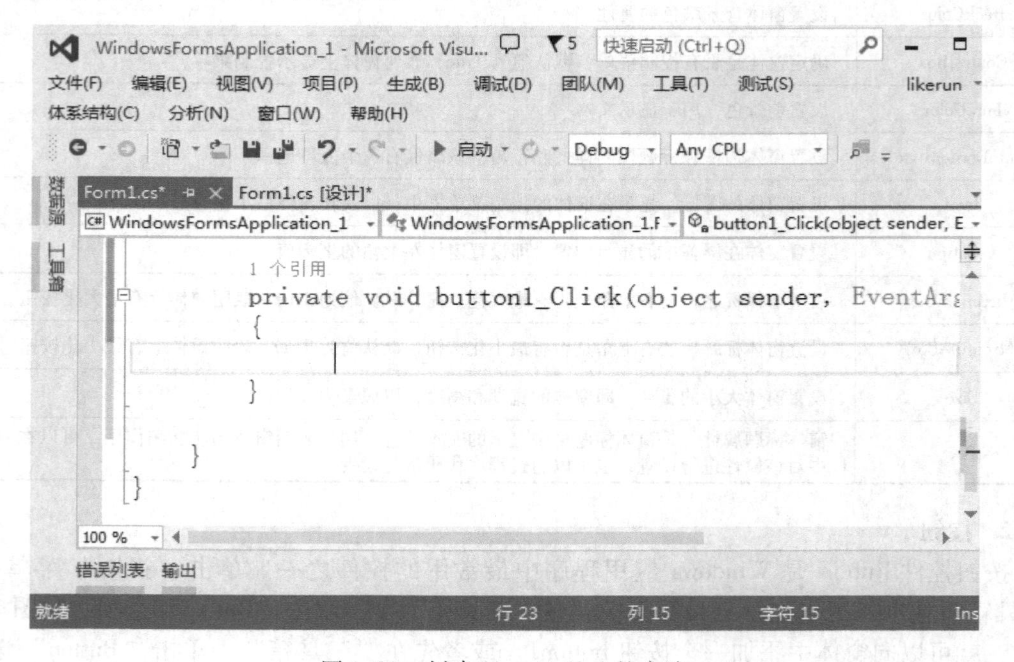

图 1-28　创建 button1_Click( ) 方法

当然也可以通过属性面板中的“事件”列表添加按钮的单击事件，如图 1-29 所示。在窗体设计器中，单击按钮 button1，在 button1 的属性面板中单击“事件”按钮，属性面板中将展开事件列表，在列表中双击事件名称 Click，将完成事件方法 button1_Click( )的创建。

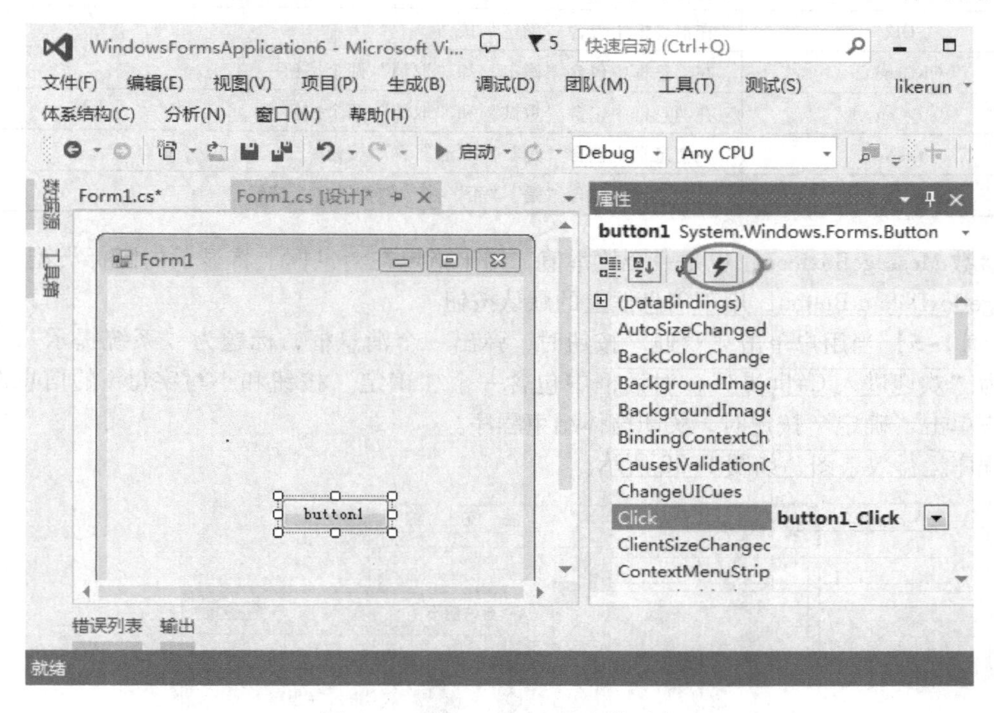

图 1-29　按钮 button1 的事件列表

按钮的主要属性和事件见表 1-2。

表 1-2　按钮的主要属性和事件

属　性	说　明
Text	按钮上显示的文本信息，用于表明按钮的功能和作用
事　件	说　明
Click( )	当用户用鼠标左键单击按钮时触发的事件，称作单击事件

1.3.3　消息框的简单使用

消息框（MessageBox）是应用程序与用户之间的一种对话方式，经常通过消息对话框对用户操作给予提示或询问。在 C#中，一个消息框一般包括对话框标题、消息内容、信息图标和响应按钮等。

消息框只有一个 Show( )方法，用于将消息对话框显示出来。该方法提供了多种重载，开发人员可以根据自己的需要设置对话框的不同风格。

Show( )方法的返回值类型是 DialogResult 枚举类型，具体的返回值，由用户单击对话框中的按钮所决定，对话框中显示哪些按钮由参数 MessageBoxButtons 决定，其取值见表 1-3。

表 1-3 参数 MessageBoxButtons 取值

取值名称	说明
AbortRetryIgnore	在消息框中包含“中止”“重试”和“忽略”三个按钮
OK	在消息框中包含“确定”按钮
OKCancel	在消息框中包含“确定”和“取消”两个按钮
RetryCancel	在消息框中包含“重试”和“取消”两个按钮
YesNo	在消息框中包含“是”和“否”两个按钮
YesNoCancel	在消息框中包含“是”“否”和“取消”三个按钮

参数 MessageBoxIcon，也是一个枚举值，用于指定在消息框上将显示的图标类型。参数 MessageBoxDefaultButton，用于消息框上的默认按钮。

【例 1-5】 当用户单击“欢迎”按钮时，弹出一个消息框，标题为“系统提示”，消息内容为“欢迎进入 C#世界!”，对话框中包含一个“确定”按钮和小写字母 i 的信息图标，当用户单击“确定”按钮时，关闭窗体结束程序。

程序运行效果图，如图 1-30 所示。

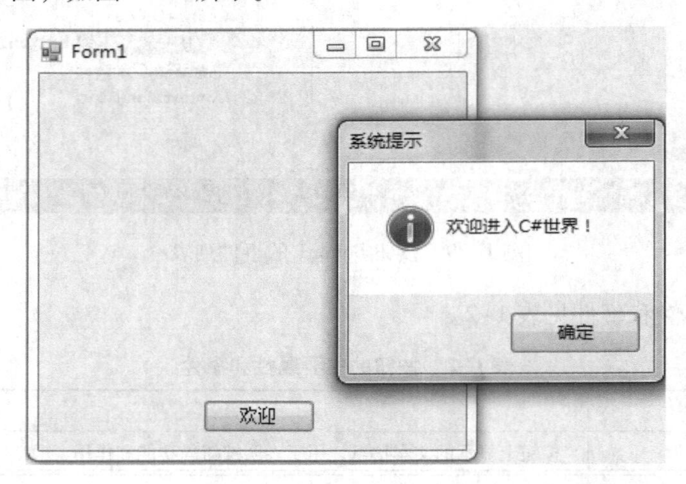

图 1-30 【例 1-5】程序运行效果图

程序源代码如下：

```
private void button1_Click(object sender,EventArgs e)
{
    DialogResult dr;
    dr = MessageBox. Show("欢迎进入 C#世界!", "系统提示", MessageBoxButtons. OK, Message-
BoxIcon. Information);
    if (dr == DialogResult . OK )
    {
        this. Close( );
    }
}
```

1.4 任务实现

1.4.1 编写控制台应用程序

本控制台应用程序，模拟实现软件的“查找”功能：当用户输入要搜索的学生姓名后，系统搜索并显示该学生本学期所修课程名称，及搜索到的条目数。

程序运行效果图，如图 1-31 所示。

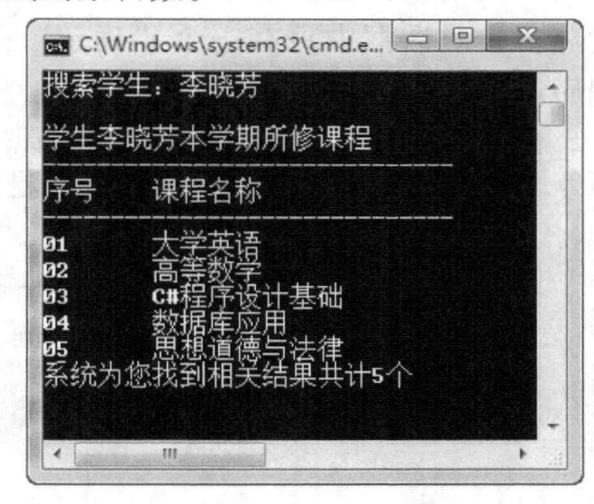

图 1-31 程序运行效果图

程序源代码如下：

```
using System;
namespace StudentInfo
{
    class Program
    {
        static void Main(string[] args)
        {
            Console.Write("搜索学生:");
            string name;
            name = Console.ReadLine();
            Console.WriteLine();
            Console.WriteLine("学生{0}本学期所修课程",name);
            Console.WriteLine("--------------------------------");
            Console.WriteLine("序号\t课程名称");
            Console.WriteLine(" --------------------------------");
            Console.WriteLine("01\t大学英语");
            Console.WriteLine("02\t高等数学");
            Console.WriteLine("03\tC#程序设计基础");
            Console.WriteLine("04\t数据库应用");
            Console.WriteLine("05\t思想道德与法律");
            Console.WriteLine("系统为您找到相关结果共计5个");
            Console.ReadKey();
        }
    }
}
```

首先创建项目 StudentInfo，并选择项目存储位置及“控制台应用程序”选项。在“代码编辑器”窗口中，输入设计编写好的程序代码后，按〈Ctrl + S〉组合键对文件进行保存，然后按〈Ctrl + F5〉组合键编译并运行程序。

在 C#中，定义了一些在字母前加“\”，来表示常见的不能显示的 ASCII 字符，例如\0、\t、\n 等，称为转义字符，因为后面的字符，都不是它们本来的 ASCII 字符意思了。在程序语句 Console.WriteLine()中出现的“\t”字符的意义是水平制表，使光标跳到下一个 TAB

位置。

1.4.2 编写窗体应用程序

本窗体应用程序，窗体标题为“第一个 C#程序”，当单击“欢迎”按钮时，弹出消息对话框，其标题为“询问”，消息内容为“是否进入 C#世界?”，消息图标是表示询问的问号图标，对话框中显示“确定”和“取消”两个按钮，且第二个按钮为默认按钮，当用户单击“确定”按钮，则弹出消息对话框，标题为“系统提示”，消息内容为“欢迎进入 C#世界!”，对话框中只有一个“确定”按钮；当用户单击“取消”按钮，则关闭窗体结束程序。

程序运行效果图，如图 1-32 所示。

图 1-32 程序运行效果图

程序源代码如下：

```
//欢迎按钮的单击事件
private void button1_Click(object sender,EventArgs e)
{
    DialogResult dr;
    dr = MessageBox.Show("是否进入 C#世界?","询问",MessageBoxButtons.OKCancel,MessageBoxIcon.Question,MessageBoxDefaultButton.Button2);
    if (dr == DialogResult.OK)
    {
        MessageBox.Show("欢迎进入 C#世界!","系统提示");
    }
    else
    {
        this.Close();
    }
}
```

任务实现步骤如下。

1. 创建项目

1）启动 Visual Studio 2013 后，单击“文件”菜单中的“新建”命令，在子菜单中选择“项目”命令，则弹出“新建项目”对话框。

2）在对话框左侧“模板”选项中，选择“Visual C#”，在中间列表中选择“窗体应用程序”选项。

3）在对话框下方的项目“名称”输入框中输入“StudentInfo”项目名，并通过“浏览”按钮输入项目的创建“位置”，设置完成，单击“确定”按钮。

2. 设计用户界面

1）单击“视图”菜单中的“工具箱”命令，将工具箱显示出来，并单击工具箱右上角的“自动隐藏”按钮，如图 1-33 所示，将工具箱锁定在屏幕，便于使用。

2）双击工具箱中的按钮控件，按钮 button1 将自动添加到窗体中，调整其摆放位置。

3. 设置控件属性

1）单击“视图”菜单中的“属性窗口”命令，将属性窗口显示出来，在窗体 Form1 中的任意位置单击，以确保是针对窗体 Form1 设置属性，如图 1-34 所示。

图 1-33　工具箱

图 1-34　属性窗口

2）在属性窗口的左侧列表中选中 Text 属性，在其右侧的属性值输入框中，将 Form1 修改为“第一个 C#程序”，从而实现了对窗体标题的设置。

3）在窗体中单击选中 button1，此时在属性窗口中所针对的设置对象即为按钮 button1，用同样的方法，将按钮的 Text 属性值修改为“欢迎”。

4. 编写事件代码

1）在窗体中双击设置好的“欢迎”按钮，则直接打开代码编辑器窗口，并且 Visual Studio 2013 集成开发环境将自动完成按钮常用的 Click 单击事件的程序代码框架。

2）在光标定位处，输入设计编写好的程序代码。

3）按〈Ctrl + S〉组合键，对文件进行保存。

5. 编译调试运行程序

1）程序代码编写好之后，按〈Ctrl + F5〉组合键编译并运行程序。

2）对程序反复进行测试、调试、保存及编译运行，直至符合项目需求。

1.5 小结

1. C#语言是微软公司的一款面向对象的高级程序设计语言。它是一种安全、稳定、简洁的编程语言。

2. 微软 . NET 技术平台允许 . NET 应用程序通过 Internet 进行通信和数据共享，而不管所采用的是哪种操作系统、设备或者编程语言。

3. Visual Studio 2013 集成开发环境是一套先进的软件开发解决方案，通过 Visual Studio Ultimate 2013 可以开发出各种优秀的应用程序。Visual Studio 2013 提供了多种强大的工具和服务，而且方便易用。

4. 一个解决方案里面可以包含一个或者多个不同类型的项目。一般添加的项目类型主要有以下几种：Windows 窗体应用程序、WPF 应用程序、控制台应用程序、Web 应用程序和类库等。

5. C#程序是用命名空间来组织代码的，由一个或多个类组成，任何一个 C# 应用程序，都必须有一个 Main( )方法，Main( )方法是整个应用程序的入口。

6. 在 C#中，如果控制台程序运行时需要通过显示器输出数据，则可以通过 Console 类的 WriteLine( )和 Write( )方法来实现。

7. 在 C#控制台应用程序中，有两种方法实现用户输入所需数据：ReadLine( )和 Read( )方法。

8. 在 . NET 开发平台下，编写的 . NET 源程序，首先都将被编译成 MSIL 中间语言代码，再由 JIT 即时编译器编译成目标机器代码，最后由 CLR 管理 . NET 应用程序的运行。

9. 窗体应用程序的用户界面由窗体和按钮等其他控件构成，窗体和控件都有自己的属性、方法、事件。

10. 消息框 MessageBox 是应用程序与用户之间的一种对话方式，在 C#中，经常通过消息框对用户操作给予提示或询问。

1.6 习题

1. 什么是 C#? 可以用 C#编写哪些类型的应用程序?

2. 简述 .NET Framework 包含哪些核心组件? 分别说说这些组件的作用。

3. 单选题

（1） C#中导入某一命名空间的关键字是（　　）。

A. using　　B. use　　C. import　　D. include

（2） 下面（　　）代码可以显示一个消息框。

A. Dialog. Show( );　　B. MessageBox. Show( );

C. Form. Show( );　　D. Form. ShowDialog( );

（3） . NET 框架是 . NET 战略的基础，是一种新的便捷的开发平台，它具有两个主要的组件，分别是（　　）和类库。

A. 公共语言运行库　　B. Web 服务
C. 命名空间　　D. Main( )函数

(4) C#程序设计语言属于（　　）的编程语言。

A. 机器语言　　B. 高级语言
C. 汇编语言　　D. 自然语言

(5) Console 是 C#语言中的控制台类，它负责向控制台输出不同格式的字符串，在格式字符串中，可以使用（　　）来实现水平制表输出。

A. \r　　B. \t　　C. \n　　D. \d

(6) C#程序的（　　）方法被称为程序的大门，应用程序从这里开始运行。

A. Main( )　　B. Begin( )　　C. Start( )　　D. main( )

(7) 在以下 C#类中，（　　）是控制台类，利用它我们可以方便地进行控制台的输入输出。

A. Control　　B. Console　　C. Cancel　　D. Write

(8) C#语言中的类 Console 包含两个输入方法：Write( )和 WriteLine( )。它们之间的唯一区别是（　　）。

A. WriteLine( )方法输出后换行，Write( )方法输出后不换行
B. WriteLine( )方法可以格式化输出，Write( )方法不可以
C. Write( )方法输出后换行，WriteLine( )方法输出后不换行
D. Write( )方法可以格式化输出，WriteLine( )方法不可以

(9) 在下列 C#代码中，程序的命名空间是（　　）。

```
using System;
namespace Test
{
    class Program
    {
        static void Main(string[ ]args)
        {
            Console.Write("Hello World!");
        }
    }
}
```

A. Test　　B. Main　　C. namespace　　D. Program

(10) 以下不可以在屏幕上输出 “Hello, World” 的语句是（　　）。

A. Console.WriteLine("Hello" + ",World");
B. Console.Write("Hello{0}","World");
C. Console.WriteLine("{0},{1}","Hello,World");
D. Console.Write("Hello,World");

1.7 实训任务

1. 设计并编写一个控制台程序，用户通过键盘输入任意两个整数，计算这两个数据之

和，并输出。

2. 王大爷有3只乌龟，重量分别为3 kg、5 kg、1 kg，编程序计算3只乌龟的总重量、平均重量，并输出。

3. 编写一个Windows窗体程序，窗体中只有一个“查看”按钮，当用户单击该按钮时，弹出消息框，内容包括姓名、联系方式。

任务 2　C#基本语法——猜数

本章以“猜数”为任务载体，讲解 C#的基本语法。通过本章的学习，使读者：

- 掌握数据类型的分类，熟悉常用数据类型；
- 掌握常量和变量的定义；
- 掌握常用运算符；
- 熟练使用流程控制语句；
- 学会利用 Convert 类、Parse 和 TryParse 方法进行数据类型转换；
- 学会异常处理；
- 掌握面向对象编程的初步知识（静态方法、private 和 public 修饰符）。

2.1　任务描述

编写以下控制台应用程序：系统产生一个 1～100 之间的随机数，用户猜数，小了或大了系统给出相应提示，直至猜中为止。显示猜数的次数。

运行结果如图 2-1 所示。

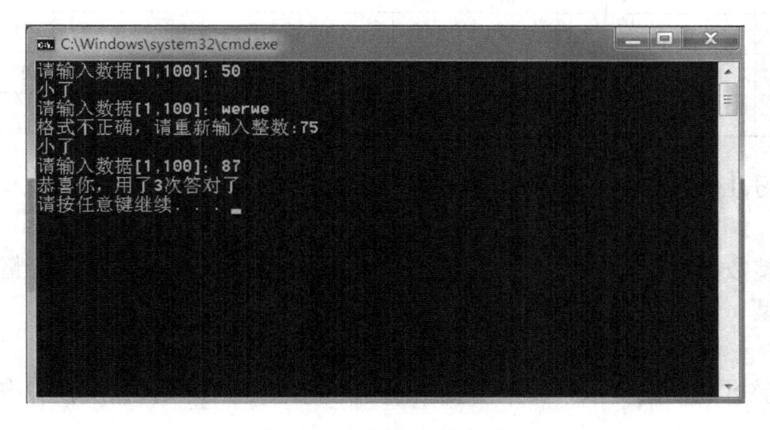

图 2-1　猜数运行结果

2.2　相关知识

2.2.1　数据类型

数据是程序处理的对象，C#中数据的类型分为值类型和引用类型。具体类型划分如图 2-2 所示。

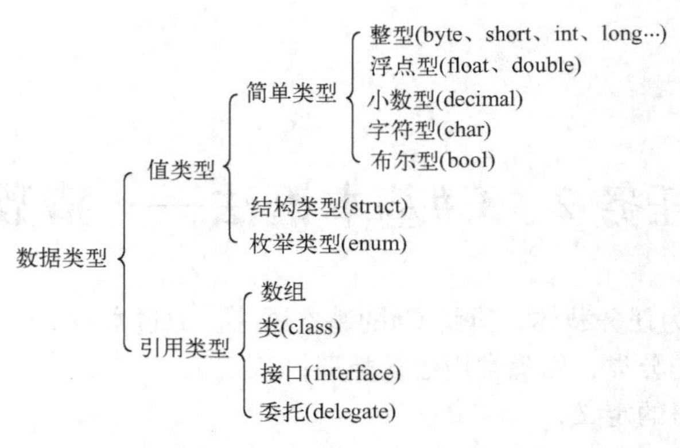

图 2-2　C#的数据类型

C#程序设计语言提供了一系列数据类型，以便告知计算机如何对各种类型数据进行存储等操作。C#基本的数据类型、类型标识符及其取值范围见表 2-1。

表 2-1　基本数据类型表

类型/类型标识符	所占字节数	描　　述	取 值 范 围
byte	1	8 位无符号整数	0 ~ 255
short	2	16 位有符号短整数	- 32768 ~ 32767
int	4	32 位有符号整数	- 2147483648 ~ 2147483647
long	8	64 位有符号长整型	- 9223372036854775808 ~ 9223372036854775807
float	4	32 位单精度浮点数	1. 4E - 45 ~ 3. 4E38
double	8	64 位双精度浮点数	4. 9E - 324 ~ 1. 8E308
char	2	16 位字符	' \ U0000' ~' \ Uffff'
bool	1	8 位布尔数	True 和 False

本节先学习几种最常用的数据类型。

1. 整型

整型是指整数类型。在 C#中提供了有符号整数和无符号整数两大类型整数，两种类型中又分为字节型、短整型、整型和长整型等整数类型。

例如：int age = 19；

age 是 int 整数类型的变量，变量名称是 age，存储了整数 19，在内存中占用 4 个字节的存储空间。

2. 浮点型

在 C#中提供了浮点型数据类型，用来描述小数，浮点型数据类型包括单精度浮点型（类型标识符 float）和双精度浮点型（类型标识符 double）。

例如：double score = 98. 5；

score 是双精度浮点型 double 类型的变量，存储了小数 98. 5，在内存中占用 8 个字节的存储空间。

3. 字符型

C#提供的字符类型，采用 Unicode 字符集。字符类型的变量的定义、赋值的方法如下：

```
char  sex ='F';
```

字符类型的值，只能描述一个字符，并且必须使用单引号括起来。而对于单引号、换行符、退格符等特殊字符，C#提供了转义字符，即转变了字符本身含义，用来代表特殊字符，例如：'\ n'，代表的不是字符 n，而是换行符。常用的转义字符见表 2-2。

表 2-2 转义字符表

转义字符	代表含义	转义字符	代表含义
\'	单引号	\f	换页符
\"	双引号	\n	换行符
\\	反斜杠	\r	回车符
\0	空字符	\t	水平方向跳格符
\b	退格符	\v	垂直方向跳格符

4. 布尔型

布尔类型的变量定义、赋值的方法如下：

```
bool  flag = False;
```

布尔类型，主要用来描述、存储逻辑判断结果的值。例如在表达式中判断数值变量 num1 和 num2 的大小比较结果，并使用变量 flag 存储比较的结果，假设 num1 = 3，num2 = 5，那么 num1 大于 num2 的比较结果就是“假”。在现实中的“真”和“假”两个概念，C# 中使用 True 和 False 两个布尔类型值来表示，所以 flag 中的值就是 False，逻辑假。

5. 结构类型

结构类型用于把不同类型的数据信息存储到一起。结构类型是用户自定义的数据类型，类似 C 语言的结构体。

结构类型的定义语法：

```
struct 结构名
{
    //结构成员定义;
}
```

例如：定义一个 student 结构类型，用于存储学生的学号、姓名、性别、成绩 4 个数据项，代码片段如下：

```
struct student
{
    int no;              //定义学号
    string name;         //定义姓名
    string sex;          //定义性别
    double score;        //定义成绩
}
```

结构类型的应用，在定义了结构类型之后，首先要定义结构类型变量，例如：定义结构类型 student 的变量 stu，代码片段如下：

```
student stu;
```

再对变量 stu 的每个结构成员赋值、引用，代码片段如下：

```
stu.no = 10003;
stu.name = "王小明";
stu.sex = "男";
stu.score = 89.5;
```

2.2.2 变量

变量是内存中的一块空间，提供了可以存储信息和数据的地方，具有记忆数据的功能。变量的值是可以改变的。变量就像一个容器，比如有 200 ml 水，需要一个水杯 cup 容器存放，这个水杯 cup 就相当于变量，水杯里存放的 200 ml 的水，就相当于变量的值。口渴了，喝了半杯，此时 cup 里的值就是 100 ml，太渴了，一口气喝光了，cup 的值就等于 0 ml。可见，变量中的值是可以改变的。

如果一个苹果放进竹篮子容器里，是正确的；如果 200 ml 的水放进竹篮子容器里，使用的容器类型就不对了，同样的道理，C#要求在程序中使用任何变量之前必须先声明其数据类型，C#根据所存储的数据类型的不同，有不同类型的变量。

1. 变量声明

C#语言规定，程序中所使用的变量必须遵循“先定义，后使用”的原则。变量的定义需要指出变量的数据类型和变量的名称，声明变量的语法，一般格式为：

数据类型 变量名；

给变量赋值的语法，一般格式为：

变量名 = 值；

例如：

```
int length;
length = 27;
```

当然也允许在定义变量的同时，为其赋初值（即初始化），一般格式为：

```
数据类型 变量名 [ = 初始值 ];
```

例如：

```
int length = 27;
```

定义了一个整型变量，变量的名称是 length，被赋予的初始值为整数 27。

例如：

```
double score = 98.5;
```

定义了双精度浮点型变量，变量名称 score，为其赋的初始值为 98.5。

例如：

```
char grade = 'A';
```

定义了字符类型变量，变量名称为 grade，赋的初始值为字符‘A’。

C#中的变量命名需要注意以下问题。

1）必须是一个合法的标识符。

2）变量名区分大小写。如：stuName 和 stuNAME 是两个不同的变量。

3）在其作用域中是必须唯一的。在不同的作用域才允许存在相同名字的变量。

4）变量名最好有一定的含义，能够“见名知意”，以增加程序的可读性。

2. 变量的作用域

每个变量都有一个相应的作用范围，也就是它可以被引用的范围，这个作用范围称为变量的作用域。当一个变量被定义的时候，它的作用域就确定了。变量的声明位置不同，其作用域也不相同。按作用域的不同，变量可以分为以下类型。

（1）成员变量

成员变量在类中声明，它的作用域是整个类。这是作用域范围最大的变量。

（2）局部变量

局部变量在方法内部或者一个块语句的内部声明。如果在一个方法内部声明，它的作用域就是整个方法；如果在一个块语句的内部声明，它的作用域就只限于这个块语句内部。块语句就是括在一对大括号“{ }”内的一组代码。

（3）方法的形式参数

方法或者构造方法的参数，它的作用域是整个方法或者构造方法之内。

【例 2-1】 编写控制台程序，显示一杯水的变化过程。

程序运行效果图，如图 2-3 所示。

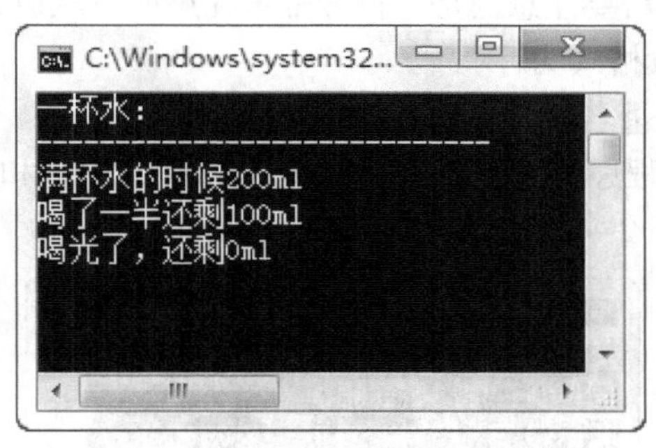

图 2-3 【例 2-1】程序运行效果图

程序源代码如下：

```
using System;
namespace ACupOfWater
{
    class Program
    {
        static void Main(string[ ] args)
        {
            int cup = 200;
                Console.WriteLine("一杯水:");
```

```
            Console.WriteLine(" ------------------------------- ");
        Console.WriteLine("满杯水的时候{0} ml",cup);
            cup = 100;
        Console.WriteLine("喝了一半还剩{0} ml",cup);
            cup = 0;
        Console.WriteLine("喝光了,还剩{0} ml",cup);
            Console.ReadKey();
        }
    }
}
```

在例题中，定义了整型变量 cup，定义的同时完成赋初值 200，在程序中 cup 的值是变化的，是可以重新赋值的，同时通过输出语句“Console.WriteLine();”输出变量 cup 的值。

2.2.3 常量

常量是在程序运行中其值保持不变的量，也称为常数。常量值当然也是有数据类型的，例如“学生信息”就是字符串常量，描述成绩等级的‘A’就是字符常量，成绩 98.5 就是实型常量。

常量可分为普通常量和符号常量。像‘A’、98.5、“学生信息”，这些都是普通常量。对于程序中多次使用的普通常量，为了避免重复书写导致的错误，也便于程序可读性、可维护性，C#也支持符号常量，即使用“见名知意”的符号代替这个常量值。符号常量的名字一般全部用大写字母，当然特别需要注意的是，符号常量在声明时赋值，之后是不能修改的。

符号常量的声明，一般格式为：

const 数据类型 符号常量名 = 常量值;

【例 2-2】 编写控制台程序，计算半径为 3 厘米的圆的周长和面积。

程序运行效果图，如图 2-4 所示。

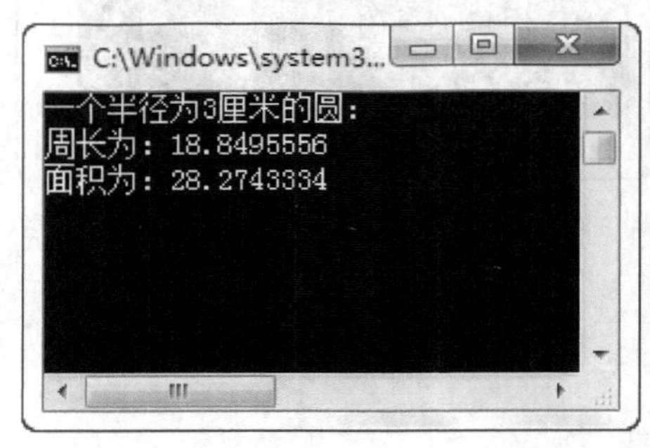

图 2-4 【例 2-2】程序运行效果图

程序源代码如下：

```
using System;
namespace Circle
{
    class Program
    {
```

```
        static void Main(string[ ] args)
        {
            const double PI = 3.1415926;//自定义符号常量 PI
                Console.WriteLine("一个半径为3厘米的圆:");
                Console.WriteLine("周长为:{0}",2 * PI * 3);
                Console.WriteLine("面积为:{0}",PI * 3 * 3);
                Console.ReadKey();
        }
    }
}
```

在例题中，关键字 const 表明 PI 是一个符号常量，PI 代表的常量值是 3.1415926，而关键字 double 表明 PI 的数据类型为“双精度浮点型”。在程序代码中计算圆的周长、面积，使用了两次圆周率，因为在程序开始定义了符号常量 PI，所以圆周率 3.1415926 这个常量值，在定义符号常量 PI 的时候只书写了一次，之后用到圆周率的地方，就可以用符号常量 PI 代替了，这样避免重复书写导致错误；如果之后修改程序，想对圆周率保留两位小数，只要在最初给符号常量赋值时修改为“const double PI = 3.14”，在程序中出现多次的圆周率也就“一改全改”了。

2.2.4 运算符与表达式

按照对操作数的操作结果分类，运算符可以分为算术运算符、关系运算符、逻辑运算符、赋值运算符等。用运算符和括号将操作数连接起来的符合 C#语法规则的式子，称为 C#表达式，相应的有算术表达式、关系表达式、逻辑表达式等。运算对象可以是常量、变量、方法等。

1. 算术运算符

算术运算用于完成数值计算。算术运算符的操作数必须是数值类型的常量、变量或返回值为数值类型的方法调用。算术运算符共有 8 个：加、减、乘、除、取余、取反、自加和自减。

（1）+：加

加号两边如果是两个数值型数据，将计算两个数据的和。

例如：Console.WriteLine（3 +5）；输出的结果为 8，其中 3 和 5 是两个操作数，“+”是加法运算符，“3 +5”是算术表达式，其计算后的输出结果是 8。

需要注意：如果加号两边包含字符串，则会把两边的表达式连接成新的字符串，此时的“+”成为字符串的连接运算了。

例如：Console.WriteLine（“3” +5）；输出结果为 35，其中“3”是大范围（字节数）的字符串类型，5 是小范围的整数类型，两种不同类型的数据进行操作时，系统就将“+”连接运算符两边的操作数统一成大范围的数据类型，小范围的整数类型 5，自动向大范围的字符串类型转换，变成字符串“5”。此时“+”不是数值的加法运算符而是字符串的连接运算符了，起的作用则是将两个字符串连接成为一个字符串，即“35”。

（2）-：减，或者取反

减号“-”的作用，减号两边如果是两个数值型数据就是减法运算，计算两个数据的差。

例如：Console. WriteLine （3 －5）；输出的结果为 －2。

如果“ －”只有一个操作数，则是取反运算，运算的结果是原数据的相反值。

例如：Console. WriteLine （ －（ －5））；输出的结果为 5。即对数据 －5 进行取反运算 －（ －5），得到与 －5 相反的值，即 5。

（3） ＊：乘

乘号的作用即是对＊乘号两边的数据求乘积。

例如：Console. WriteLine （3 ＊5）；输出的结果为 15。

（4）／：除，或者整除

除是求两个数据相除的商。如果“／”两边的运算量，不全是整数类型，有一个或两个为浮点型数据，那么运算时，系统就会将“／”两边的运算量自动向大范围、较高精度的数据类型转换，计算结果也就是高精度的数据类型了。

例如：Console. WriteLine （3/0. 4）；输出的结果为 7. 5。首先“／”两边的运算量 3 是整型数据（int），0. 4 是浮点型数据（double），两种不同类型的数据进行运算，低精度类型会自动转换为较高精度的类型。所以，int 类型 3 会自动转换为 double 类型 3. 0，然后表达式 3. 0/0. 4 进行运算，结果为 7. 5。

但是，当“／”运算符两边的操作数都是整型数据，则此时“／”运算符就是整除运算符，运算结果也是整数类型，处理办法是运算结果仅保留商的整数部分，而小数部分全部舍掉。

例如：Console. WriteLine （3/4）；输出的结果为 0。对于常规的除法运算来说，3 除以 4 结果应该等于 0. 75，而整除的运算规则只取 0. 75 的整数部分 0，小数部分全部舍掉，所以运算结果是 0。

又如：Console. WriteLine （13/5）；输出的结果为 2。

（5）％：取余（取模）

除号“／”的作用是求两个数字相除的商，而取余运算符“％”，也称作取模运算，作用是计算两个数字相除的余数。

例如：Console. WriteLine （19/5）；是计算 19 除以 5 的商，其中 19 和 5 都是整数，则做整除运算，输出结果只取除法运算结果 3. 8 中的整数部分，所以输出结果是 3。

而对于 Console. WriteLine （19％5）；是计算 19 除以 5 的余数（注意区分数学里的余数和小数部分两个概念），此处输出结果是 4（19 除以 5 的商是 3，余数是 4）。

在程序的编写中，“％”常常用来检查一个数字是否能被另一个数字整除。

例如编程判断某个数是否为偶数。我们知道偶数是 2 的倍数，也就是一个偶数除以 2 的余数是 0，而奇数除以 2 的余数是 1，程序片段如下：

```
int num = 29;
Console. WriteLine( num%2);输出结果 1,则表示 num 是奇数。
```

当然，“％”取余运算符两边的操作数必须是整数类型。

上述运算符的结合方向为“从左到右”。

（6）＋＋和 －－：自加、自减

“＋＋”自加运算符、“ －－”自减运算符，都是单目运算，操作数只有一个，且自加、自减的操作数只能为变量，用来完成变量的加 1、减 1 的运算。

例如：王小明今年 18 岁，明年会长一岁，编程实现的代码片段如下：

```
int age = 18;  //今年王小明 18 岁
age = age + 1;  //明年,王小明的年龄是今年的年龄 + 1
Console.WriteLine("明年王小明{0}岁了。",age);  //输出结果:明年王小明 19 岁了。
```

那么此处使用自加运算符就可以写成这样：

```
int age = 18;  //今年王小明 18 岁
age ++;  //明年,王小明的年龄是今年的年龄 + 1
Console.WriteLine("明年王小明{0}岁了。",age);  //输出结果:明年王小明 19 岁了。
```

实质上，age ++;与 age = age + 1; 作用相同，都是变量的值在原来的基础上 +1。

“--” 自减运算符。与自加运算同理，age --; 就等同于 age = age - 1; 它是变量的值在原来的基础上 -1。

另外，age ++; 与 age --; 也可以写作 ++ age; 或 -- age。

需要注意：如果与其他运算在同一语句中，++ 写在变量前面或后面，运算结果是不一样的，请看下例“++”写在变量之后的程序片段：

```
int age = 18;
Console.WriteLine(age ++);
```

程序的输出结果是 18，此语句作用等同于下面两句：

```
Console.WriteLine(age);      //先执行打印,输出结果:18
age = age + 1;               //再执行变量自加 1,此时 age = 19
```

而如果“++”写在变量之前，如下：

```
int age = 18;
Console.WriteLine( ++ age);
```

输出结果：19，此语句作用等同于下面两句：

```
age = age + 1;    //先执行变量自加 1
Console.WriteLine(age);//后执行打印,此时 age = 19。运算顺序不同,所以输出的结果也不相同。
```

从上面例子可以看出，这两个运算符都有两种使用方式。将运算符写在变量之前，通常称为“前缀”形式，运算符写在变量之后，通常称为“后缀”形式。对于前缀形式“++ age”，“先加再用”；对于后缀形式“age ++”，“先用后加”。自减运算，原则相同。

说明：

1）自加自减运算的操作数只能是变量，而不能是常量或表达式。例如 3 ++ 或 ++ (a + b) 都是错误的。

2）自加自减运算的结合方向是“从右到左”，其优先级别高于基本算术运算符。

2. 关系运算符

关系运算也称为比较运算，用于比较两个表达式的大小。由关系运算符构成的表达式为关系表达式，C#中提供了六种关系运算符，见表 2-3。

表 2–3　关系运算符

关系运算符	名　　称	实例（a=5　b=3）	结　　果	优先级别	
==	等于	a==b	False	同级	低
!=	不等于	a!=b	True		
>	大于	a>b	True	同级	高
<	小于	a<b	False		
>=	大于或等于	a>=b	True		
<=	小于或等于	a <=b	False		

说明：由关系运算符构成的表达式称为关系表达式，多用于控制结构的条件判断中。关系运算的结果是布尔类型的逻辑值 True（真）或 False（假）。

例如：Console. WriteLine（5<3）；输出结果是：False。

3. 逻辑运算

逻辑运算符用来连接多个 bool 类型表达式，实现多个条件的复合判断，是对 True（真）或 False（假）的运算。C#提供的逻辑运算符有！（逻辑非）、&&（逻辑与）、‖（逻辑或）。逻辑运算符属于二元运算符，常用来表示一些复杂的关系。表2–4 列出了C#的逻辑运算符。

表 2–4　逻辑运算符

逻辑运算符	名　　称	实　　例	说　　明
!	非	!a	取反。若 a 为 True，则!a 为 False
&&	与	a && b	a 和 b 都为 True，结果为 True；有一个为 False，结果为 False
‖	或	a ‖ b	a 和 b 都为 False，结果为 False；有一个为 True，结果为 True

例如：Console. WriteLine(3>5‖4<6)；输入结果为：True，其中比较运算表达式“3>5”运算结果为 False，“4<6”的运算结果为 True，逻辑或“‖”运算符两边的运算量有一个为 True，结果为 True。而 Console. WriteLine（3>5&&4<6）；输出结果为：False，对于逻辑与运算“&&”，只有运算符两边都为 True，结果才为 True。

4. 赋值运算

赋值是通过赋值运算符（=）进行的，其通用格式为：

```
变量名 = 表达式;
```

其功能是：首先计算赋值号“=”右边表达式的值，然后将表达式的值赋予左边的变量。右边表达式的值可以是任何类型的，但左边必须是一个明确的、已命名的变量，而且该变量的类型必须与表达式值的类型一致。

例如：

```
int m=3,n; //此语句定义整型变量 m 的同时,为其赋初始值 3;同时定义整型变量 n
n=m+5; //首先计算赋值号右边的表达式 m+5,结果为 8,然后将 8 赋值给左边变量 n
Console. WriteLine("{0}",n); //输出结果 n 的值为 8
```

在普通赋值运算符“=”之前加上其他运算符，就构成了复合赋值运算符，也称为扩展赋值运算符。

例如，加赋值“ +=”，请看下面的代码片段：

```
int x =3;
x +=2;
Console.WriteLine("{0}",x);
```

此代码片段运行结果为5，其中“x +=2;”语句，先做加法再赋值，相当于“x =x +2;”语句，“ = ”右边，先执行“x +2”，结果是5，再执行赋值，所以x的输出结果是5。

同样地，减赋值“ -=”：先执行减法，然后赋值。例如：

```
int x =3;
x -=2; //此处复合赋值运算语句等同于 x =x -2;
Console.WriteLine("{0}",x);//输出结果是1
```

对于乘赋值“ *=”、除赋值“/=”、取余赋值“%=”等，也都是一样的道理。

与其他运算符从左向右计算不同，赋值运算符从右向左计算。

同样地，“a *=b +5”语句先执行“a * （b +5）”，然后将计算结果赋值给a，此语句相当于“a =a * （b +5）”语句，也就是说要把复合赋值运算符右边的表达式作为一个整体来参与运算。

5. 运算符的优先级

在一个表达式中往往存在多个运算符，此时要按照各个运算符的优先级及结合性进行运算。也就是说在一个表达式中，优先级高的运算符首先运算，然后是运算优先级较低的，相同优先级的运算符要按照它们的结合性来决定运算次序。运算符的优先级由高向低如下所示。

1）括号()。优先级最高的运算符是括号()，如同数学中常提到的，“有括号先计算括号里面的”。C#语言也是一样，如果有多层括号，要从里向外计算。例如2 * （3 +5）。

2）一元运算符。对于运算符两边有两个运算量（操作数）的，例如3 +5、10%3 等，这些称作二元运算符。只有一个运算量的运算符称作一元运算符，它们的优先级高于二元运算符。一元运算符有：++（自加）、--（自减）、!（逻辑非）和 -（取反）等运算符。例如：表达式“ -5 *3 +2”的运算结果是 -13。

3）算术运算符。算术运算符内部的优先级，和算术里提到的“先乘除，后加减”一样，*（乘）、/（除）、%（取余）的优先级高于 +（加）、-（减）。而对于优先级相同的运算符，则从左向右计算。

4）关系运算符。其中 >（大于）、<（小于）、>=（大于等于）、<=（小于等于）优先级高于 ==（等于）、!=（不等于）。

5）逻辑运算符。其中 &&（逻辑与）高于 ||（逻辑或）。

6）赋值运算符。赋值运算符有：=、+=、-=、*=、/=、%=。赋值运算符的运算从右向左。

2.2.5 类型转换

数据类型转换是将一种类型的数据转变为另一种类型的数据。当表达式中的数据类型不一致时，就需要进行数据类型转换。类型转换的方法有两种：自动转换和显示转换。

1. 自动转换

不同数据类型在程序运行时所占用的内存空间不同，因此每种数据类型所容纳的信息量也不同。当一个容纳信息量小的类型转化为一个信息量大的类型时，数据本身的信息不会丢失，这种转换是安全的，此时编译器将自动完成类型转换工作，这种转换称为自动类型转换。就好像要将容积200 mL 水杯里的150 毫升水与容积200 L 水缸里50 L 的水混合，当然是将小容量水杯里的水倒入大容量的水缸里。同样的道理，两种不同类型的数据运算，低精度类型会自动转换为较高精度的类型。例如：3.5 +8，显然数字 8 的精度较低（int），而3.5 的精度较高（double），所以整数 8 会自动转换为双精度浮点类型，即转换为 3.5 +8.0 进行运算，结果为11.5。

例如：double num =2；此处2 是整型数据，精度显然低于变量 num 的双精度浮点类型的精度，所以 2 会自动转换为 2.0 然后赋值给变量 num。

例如：int num =3.0；变量 num 定义为 int 整型，精度低于3.0，变量的值可以改变，但变量的类型是定义时已经固定的，所以这条语句编译时会出错，“无法将类型‘double’隐式转换为‘int’。存在一个显式转换（是否缺少强制转换?)”，此处提示的隐式转换，即是自动转换，从而程序无法继续运行。

2. 显式转换

显示转换是通过程序代码，调用专门的转换方法将一种数据类型显式地（强制地）转换成另一种数据类型。

（1）强制类型转换

高精度数据转换成低精度数据时，需要用到强制类型转换。即把一个容量较大的数据类型向一个容量较小的数据类型转换时，可能面临信息丢失的危险，就像要把大水缸里的水倒进水杯里，可能会溢出一样，此时必须使用强制类型转换，将高精度数据强制转换成低精度数据。强制类型转换的一般语法为：

```
(类型)表达式(或变量名)
```

例如：int num =3.0；对于这样无法自动转换为我们需要的类型，可以用强制类型转换，这个语句可以这样完成：int num = (int)3.0；数字3.0 前面的（int）表示转换的目标类型为 int，3.0 会被强制转换为3。

需要注意：double 型数据强制转换为 int 型数据将失去小数部分，例如(int)5.6，得到的结果是5。

（2）ToString( )方法

ToString( )方法的作用是将非字符串类型数据转换成字符串类型数据。一般语法为：

```
变量.ToString( );
```

【例 2-3】 编写控制台程序，将年、月、日按8 位形式输出日期。

程序运行效果图，如图 2-5 所示。

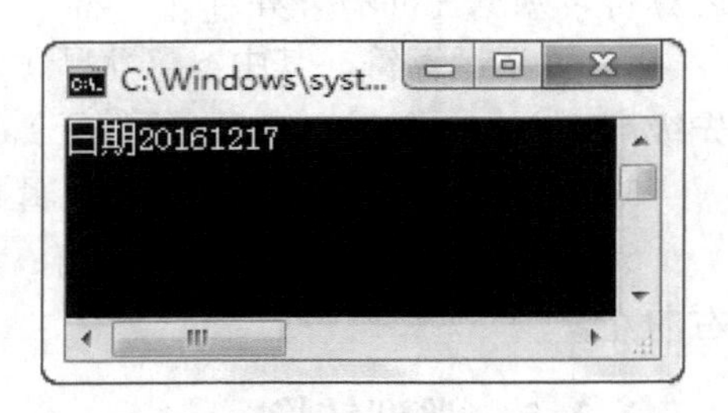

图 2-5 【例 2-3】程序运行效果图

程序源代码如下：

```
using System;
namespace Test
{
    class Program
    {
        static void Main(string[] args)
        {
            int y = 2016;
            int m = 12;
            int d = 17;
            Console.WriteLine("日期{0}",y.ToString() + m.ToString() + d.ToString());
            Console.ReadKey();
        }
    }
}
```

在【例 2-3】中，定义了整型变量 y、m、d，分别存储日期中的年、月、日三个值，再分别使用方法 ToString( )将整型数据转换成字符串类型数据，使用字符串的连接“ + ”运算符将 3 个字符串连接成一个整串构成 8 位的日期“20161217”。如果此处不将整型数据转换成字符串类型，而进行“ + ”运算，则构成了算术加法运算，结果将为 2045。

（3）Parse( )方法

Parse( )方法可以将字符串类型转换成数值类型，一般语法为：

```
数值类型名称.Parse(字符串表达式);
```

其中数值类型名称如 int、float、double 等，字符串表达式的值则一定要与 Parse 前面的数值类型格式一致。例如：int. Parse（“35”）；方法 Parse( )前面的数值类型是整型，则要转换的字符串类型数据也一定是对应的数值格式，如果写成 int. Parse（“35.6”）则运行时会报错，程序无法运行。对于字符串“35.6”如果需要转换成数值型数据，正确写法是 double. Parse(“35.6”)，此处要前后一致。

【例 2-4】 编写控制台程序，模拟简单的加法计算器，当用户输入要计算的两个加数，程序计算两个加数的和，并输出结果。程序运行效果图，如图 2-6 所示。

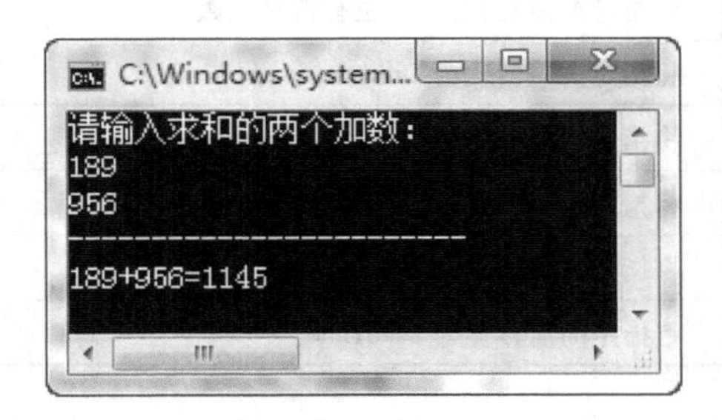

图 2-6 【例 2-4】程序运行效果图

程序源代码如下：

```
using System;
namespace Test
{
    class Program
    {
        static void Main(string[ ] args)
        {
            double num1,num2;
            Console.WriteLine("请输入求和的两个加数:");
            num1 = double.Parse(Console.ReadLine());
            num2 = double.Parse(Console.ReadLine());
            double sum = num1 + num2;
            Console.WriteLine("------------------------");
            Console.WriteLine("{0} + {1} = {2}",num1,num2,sum);
            Console.ReadKey();
        }
    }
}
```

在【例2-4】中，加法计算器运行时需要用户输入要计算的两个加数。控制台输入方法 Console. ReadLine()读入的数据是字符串类型，而两个字符串数据要进行加法运算，显然需要将两个字符串分别转换成两个数值型数据，再使用加法运算符“+”进行加法计算，从而得到两数之和。

（4）Convert 类

Convert 类中，提供了很多常用的方法，可以灵活地对各种类型数据进行数据类型转换。表 2-5 列出了 Convert 类常用的几种类型转换方法和方法说明。

表 2-5　Convert 类的常用方法说明

方　法	说　明
Convert. ToInt16()	将指定的值转化为 16 位有符号整数
Convert. ToInt32()	将指定的值转化为 32 位有符号整数
Convert. ToInt64()	将指定的值转化为 64 位有符号整数
Convert. ToChar()	将指定的值转化为 Unicode 字符
Convert. ToString()	将指定的值转化为其等效的 String 表示形式
Convert. ToDouble()	将指定的值转化为双精度浮点数字
Convert. ToSingle()	将指定的值转化为单精度浮点数字
Convert. ToDateTime()	将指定的值转化为 DateTime

【例 2-5】 编写控制台程序，计算王晓明同学语文、数学两门科目的平均成绩，并输出结果。程序运行效果图，如图 2-7 所示。

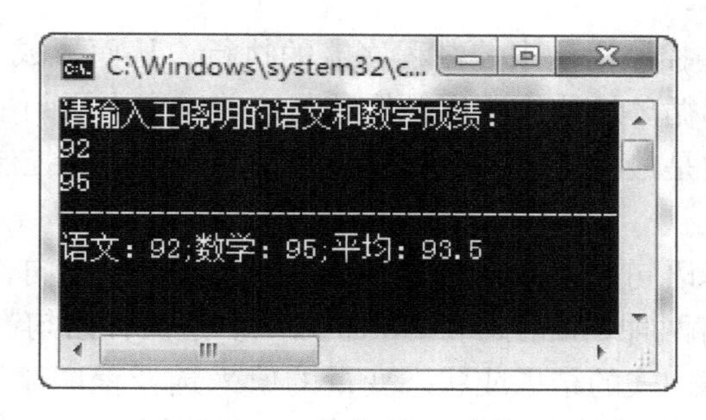

图 2-7 【例 2-5】程序运行效果图

程序源代码如下：

```
using System;
namespace Test
{
    class Program
    {
        static void Main(string[] args)
        {
            int num1,num2;
            Console.WriteLine("请输入王晓明的语文和数学成绩:");
            num1 = Convert.ToInt32(Console.ReadLine());
            num2 = Convert.ToInt32(Console.ReadLine());
            double ave = (num1 + num2)/2.0;
            Console.WriteLine("----------------------------------------");
            Console.WriteLine("语文:{0};数学:{1};平均:{2}",num1,num2,ave);
            Console.ReadKey();
        }
    }
}
```

在【例 2-5】中，应用了 Convert.ToInt32()方法将控制台输入的字符串类型的学生成绩转换成了 32 位有符号整数类型，从而数值类型数据可以进行加法、除法等算术运算。

2.2.6 流程控制语句

C#语言通过使用流程控制语句来改变程序流的执行，从而完成程序状态的改变。C#的流程控制语句有顺序、分支、循环和跳转。分支语句的作用是根据条件表达式的结果或状态变量的值来决定程序所执行的分支路径；循环语句是能够控制一个或一个以上的语句，使其重复执行，从而形成循环；跳转语句作用允许程序以非线性的方式执行。C#中的控制语句包括：

- 分支语句：if…else、switch；
- 循环语句：while、do…while、for；
- 跳转语句：break、continue。

C#语言就是通过这些控制语句来控制程序流的执行，从而形成了程序的三种基本结构，即顺序结构、分支结构和循环结构。顺序结构就是按着程序中语句书写的自然顺序从上到下来逐条执行程序语句，这是最简单的一种程序结构，不需要流程控制语句进行控制。

1. 分支语句

分支语句也称作选择语句，就像走到分岔路口，需要选择方向，编写程序也会遇到判断和分支。C#的分支语句有两种：if 语句和 switch 语句。这两种语句都是在程序流执行到某一位置时，根据当时条件表达式的结果或状态变量的值来选择程序流接下来要执行的语句块。在 C#中，这个结构称作分支结构（或者条件结构、选择结构）。

（1）基本 if 语句（单分支语句）

一般语法：

```
if(条件) {代码块;}
```

程序执行的流程图，如图 2-8 所示。

如果“条件”为“真”，则执行“代码块”；否则不执行。

【例 2-6】 编写控制台程序，录入学生成绩，如果成绩小于 60 分，则通知学生按时参加补考。程序运行效果图，如图 2-9 所示。

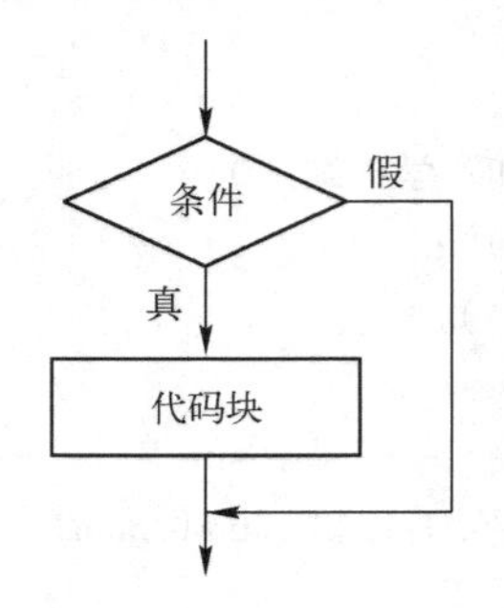

图 2-8　基本 if 语句流程图

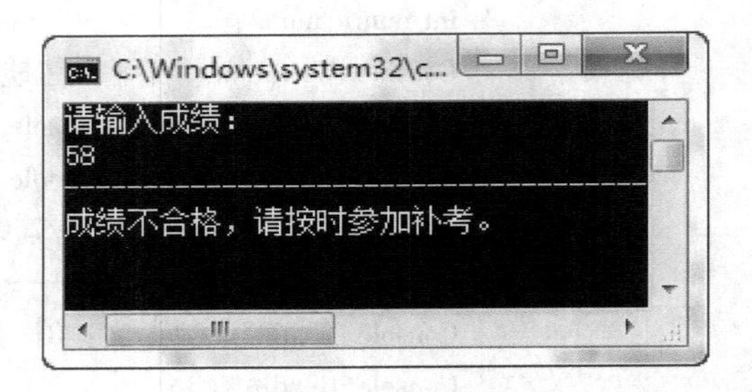

图 2-9　【例 2-6】程序运行效果图

程序源代码如下：

```
using System;
namespace Test
{
    class Program
    {
        static void Main(string[] args)
        {
            double score;
            Console.WriteLine("请输入成绩:");
            score = Convert.ToDouble(Console.ReadLine());
            if(score < 60)
            {
                Console.WriteLine("----------------------------------------");
                Console.WriteLine("成绩不合格,请按时参加补考。");
```

```
            }
            Console.ReadKey();
        }
    }
}
```

在【例2-6】中，程序在“score<60”这个步骤出现了分支，“score<60”被称为条件判断（bool类型），当判断结果为True时，执行下面的代码块，输出提示；当判断为False时，则不执行代码块，不输出任何内容。在程序运行过程中，用户输入的成绩score是58，显然满足“score<60”的条件，所以我们看到了输出提示。

其中，代码块也称作语句块，当语句块中的语句多于一条时，必须用“{”和“}”括起来。

（2）if…else语句（双分支语句）

一般语法：

```
if(条件){代码块1;}
else{代码块2;}
```

程序执行的流程图，如图2-10所示。

如果“条件”为“真”，则执行“代码块1”；否则执行“代码块2”。

【例2-7】 编写控制台程序，录入学生成绩，如果成绩大于等于60分，则通过考核；成绩小于60，则通知学生按时参加补考。程序运行效果图，如图2-11所示。

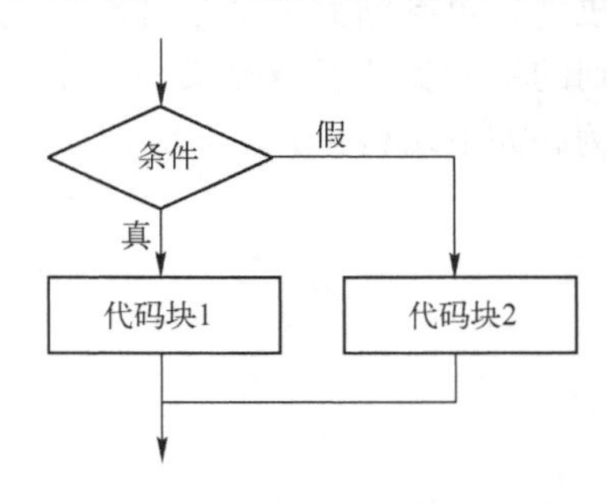

图2-10　if…else语句流程图

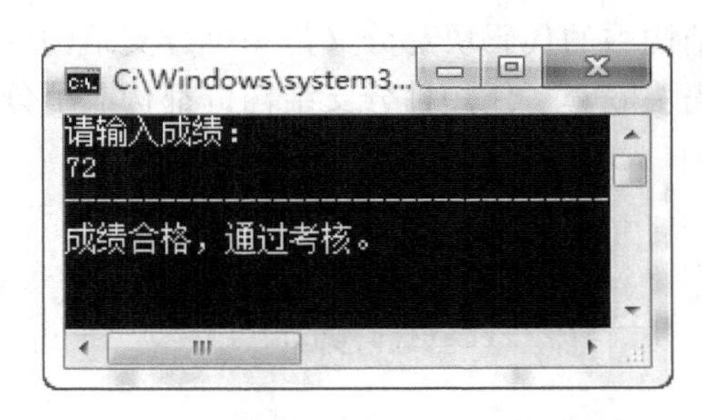

图2-11　【例2-7】程序运行效果图

程序源代码如下：

```
using System;
namespace Test
{
    class Program
    {
        static void Main(string[] args)
        {
            double score;
            Console.WriteLine("请输入成绩:");
            score = Convert.ToDouble(Console.ReadLine());
```

```
            if(score >= 60)
            {
                Console.WriteLine(" ----------------------------------- ");
                Console.WriteLine("成绩合格,通过考核。");
            }
            else
            {
                Console.WriteLine(" ----------------------------------- ");
                Console.WriteLine("成绩不合格,请按时参加补考。");
            }
            Console.ReadKey();
        }
    }
}
```

在【例 2-7】中，程序在“score >= 60”这个步骤出现了分支，“score >= 60”为判断条件（bool 类型），当判断结果为 True 时，执行下面的代码块 1，输出“通过考核”提示；当判断为 False 时，则执行代码块 2，输出“请参加补考”提示。

每个 if…else 结构都包含一个条件和两个分支，称作双分支结构，而程序会根据条件的真与假，选择执行其中的某一个分支。条件必须为 bool 类型的表达式。

（3）嵌套的 if 语句

在程序开发中，往往需要先判断一个条件是否成立，再判断另一个条件。也就是在分支结构中的代码块部分又是一个分支结构，在前面提到的单分支或者双分支结构中，有一个代码块嵌套了任一种分支结构，都构成了分支嵌套。例如如下结构：

```
if (条件 1)
{   //代码块 1
    if(条件 21) {代码块 211;}
    else{代码块 212;}
}
else
{   //代码块 2
    if(条件 22) {代码块 221;}
    else{代码块 222;}
}
```

【例 2-8】 编写控制台程序，进行用户登录验证，先验证账号是否为“admin”，如果不是则提示错误；如果是，则验证密码是否为“123456”。程序运行效果图，如图 2-12 所示。

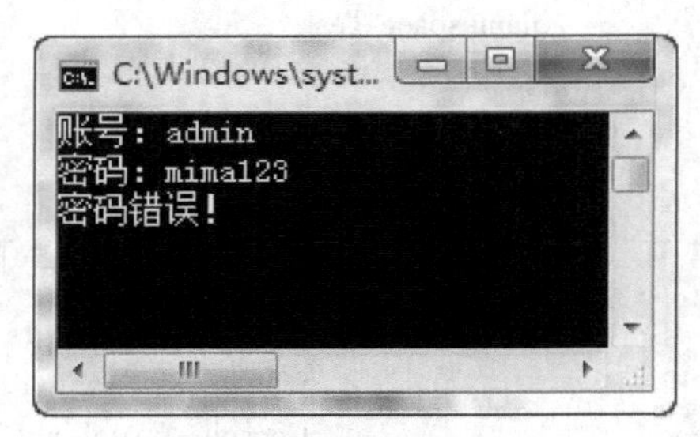

图 2-12 【例 2-8】程序运行效果图

程序源代码如下：

```
using System;
namespace Test
```

```
{
    class Program
    {
        static void Main(string[] args)
        {
            string name;
            string password;
            Console.Write("账号:");
            name = Console.ReadLine();
            Console.Write("密码:");
            password = Console.ReadLine();
            if(name == "admin")
            {
                if(password == "123456")
                {
                    Console.WriteLine("登录成功!");
                }
                else
                {
                    Console.WriteLine("密码错误!");
                }
            }
            else
            {
                Console.WriteLine("用户名错误!");
            }
            Console.ReadKey();
        }
    }
}
```

在【例2-8】中，先判断外层的 if(name == "admin")条件，如果结果为 False，就会输出“用户名错误!”；如果结果为 True，则判断内层的 if(password == "123456")条件。实质上，第二个条件判断结构{if(password == "123456")…else…}就是第一个条件判断结构 if(name == "admin"){代码块 1}else{代码块 2}中的代码块 1，从而构成了 if 语句的嵌套结构。

(4) 多重分支 if 结构

如果有多个条件，其中只有一个成立，解决这样多重分支结构的问题时，可以使用 if 语句的嵌套结构，但是如果嵌套的层数太多，会使程序变得复杂和难以理解，而且容易产生错误。对于这种问题，可以使用多重分支结构解决。

一般语法：

```
if (条件 1)
```

```
{ 代码块 1;}
else if (条件 2)
{代码块 2;}
else if (条件 3)
{代码块 3;}
…
else
{代码块 n+1};
```

条件表达式从上到下依次求值，一旦找到结果为真的条件，就执行与该子句相关的代码块，该结构后面的部分就被忽略了。结构中最后的 else 语句经常被作为默认的条件，即如果所有的条件都为假，就执行最后的 else 代码块 n+1。如果没有最后的 else 子句，而且所有其他的条件都为假，那么程序就不做任何动作。

【例 2-9】 编写控制台程序，根据输入的百分制成绩，评定学生的考核等级。大于或等于 90 分为 A 等级；大于或等于 75 分，小于 90 为 B 等级；大于或等于 60 分，小于 75 分为 C 等级；小于 60 分为 D 等级。成绩划分的数轴，如图 2-13 所示。

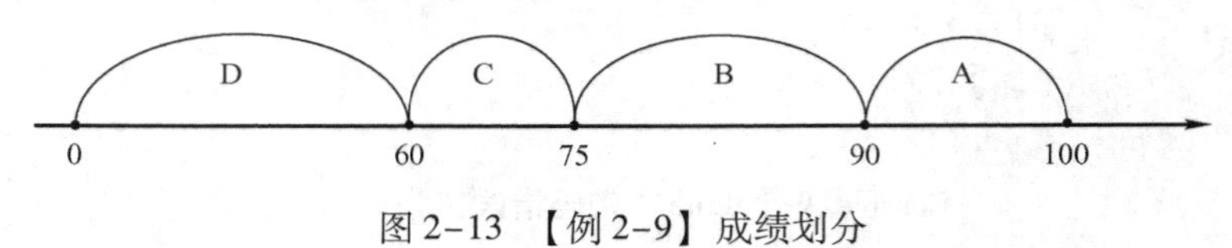

图 2-13 【例 2-9】成绩划分

程序运行效果图，如图 2-14 所示。

程序源代码如下：

C:\Windows...
请输入成绩：78

成绩：78
等级：B

图 2-14 【例 2-9】程序运行效果图

```
using System;
namespace Test
{
    class Program
    {
        static void Main(string[] args)
        {
            double score;
            char grade;
            Console.Write("请输入成绩:");
            score = double.Parse(Console.ReadLine());
            if(score >= 90) {grade = 'A';}
            else if(score >= 75) {grade = 'B';}
            else if(score >= 60) {grade = 'C';}
            else{grade = 'D';}
            Console.WriteLine("----------------------------");
            Console.WriteLine("成绩:" + score);
            Console.WriteLine("等级:" + grade);
            Console.ReadKey();
```

```
            }
        }
    }
```

在【例2-9】中，程序运行过程中，用户输入成绩78分，78不满足if（score >= 90）的条件1，所以不执行代码块1；继续判断if（score >= 75）条件2，显然"78 >= 75"的表达式结果为真，于是执行代码块2，从而grade为B等级，分支结构结束。

（5）switch语句

解决多重分支结构的问题时，除了使用if…else之外，C#还提供了一种专门用于多重分支结构的语句——switch语句，以便实现从多条分支中选择一条执行。switch语句的一般语法如下：

```
switch（表达式）
{
    case 常量表达式1:代码块1;break;
    case 常量表达式2:代码块2;break;
    case 常量表达式3:代码块3;break;
    …
    case 常量表达式n:代码块n;break;
    default:代码块n + 1;break;
}
```

switch结构中的"表达式"的值，只能是3种类型：整型（如int）、字符型（char）、字符串类型（string）。switch语句的执行过程是：首先"表达式"的值与每一个case后面的常量表达式进行等值比较，如果相等，就执行对应的代码块。执行完该分支以后，break关键字会使switch结构中止，不会再判断后面的常量表达式。如果"表达式"的值与所有的常量表达式的值都不相同，则执行default后面的分支。

当然，default子句是可选的。如果没有匹配的case子句，也没有default子句，则不执行任何语句。

【例2-10】使用switch语句重写前面的例题。根据输入的百分制成绩，评定学生的考核等级。90 ~ 100分为A等级；75 ~ 90为B等级；60 ~ 75分为C等级；小于60分为D等级。

程序运行效果图，如图2-15所示。

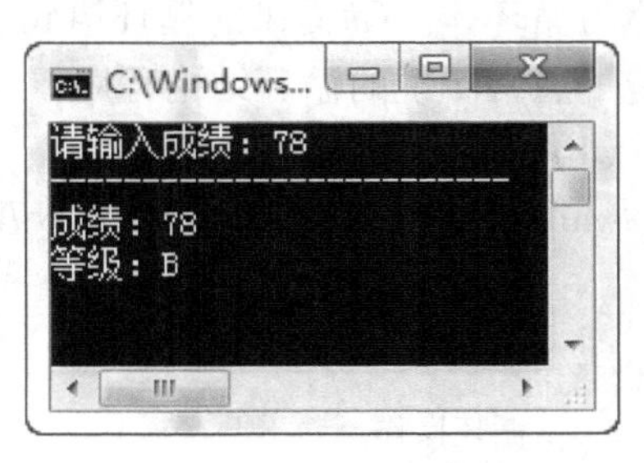

图2-15 【例2-10】程序运行效果图

程序源代码如下：

```
using System;
namespace Test
{
    class Program
    {
        static void Main(string[] args)
        {
```

```
                double score;
                char grade;
                int temp;
                Console.Write("请输入成绩:");
                score = double.Parse(Console.ReadLine());
                temp = (int)score/15;
                switch(temp)
                {
                    case 6:grade ='A';break;
                    case 5:grade ='B';break;
                    case 4:grade ='C';break;
                    default:grade ='D';break;
                }
                Console.WriteLine("--------------------------");
                Console.WriteLine("成绩:" + score);
                Console.WriteLine("等级:" + grade);
                Console.ReadKey();
            }
        }
    }
```

需要注意：switch 语句仅能用于测试相等的情况，即 switch 语句只能在各个 case 的常量值中寻找与表达式值匹配的值。而 if 语句可计算任何类型的布尔表达式。在同一个 switch 语句中没有两个相同的 case 常量值。switch 语句也可以嵌套，外部 switch 语句中的 case 常量可以和内部 switch 语句中的 case 常量相同，而不会产生冲突。switch 语句通常比一系列嵌套 if 语句更有效，可读性强。

2. 循环语句

循环语句的作用是重复执行一段程序代码，直到循环条件不再成立为止。重复执行的语句称为循环体。C#提供的循环语句有 while 语句、do - while 语句和 for 语句三种，这些语句创造了通常所说的循环结构程序。

（1）while 语句

while 语句是 C#最基本的循环语句。它的一般语法如下：

```
while(循环判断条件)
{
循环操作
}
```

“循环判断条件”是循环控制表达式，是循环的判断条件，它可以是任何布尔表达式。循环体的循环操作语句如果多于一条，需要用大括号括起来。

程序执行的流程图，如图 2-16 所示。

while 语句执行步骤如下。

1）计算“循环判断条件”布尔表达式的值。

2）如果值为“真”，循环体的循环操作就被执行一次，然后回到步骤1）。若值为“假”，则不执行循环体的循环操作，直接执行步骤3）。

3）执行 while 循环结构后面的语句行。

简单地说，循环是由循环体（需要重复执行的、循环操作的语句）和循环判断条件组成的。运行时，先判断循环条件，若条件为 True，就执行循环体一次，然后判断循环条件……当条件为 False 时，结束循环。

【例 2-11】 编写控制台程序，在屏幕上输出打印 1 ~ 10 的整数。

程序运行效果图，如图 2-17 所示。

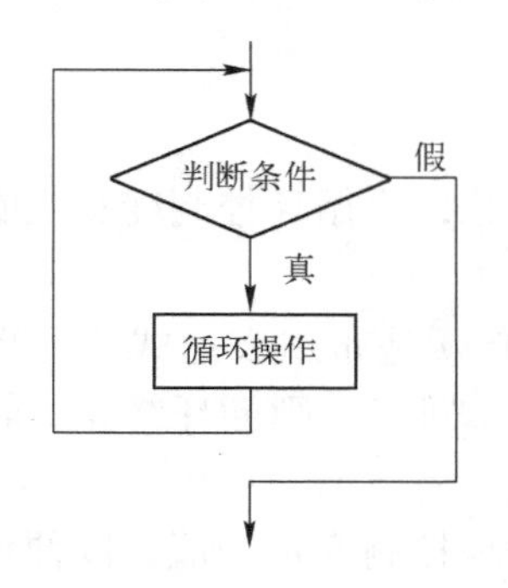

图 2-16 循环语句流程图

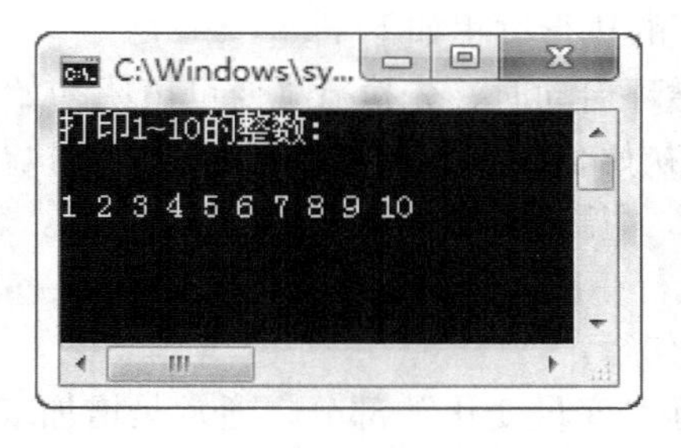

图 2-17 【例 2-11】程序运行效果图

程序源代码如下：

```
using System;
namespace Test
{
    class Program
    {
        static void Main(string[] args)
        {
            int i = 1; //定义循环变量初始值
            Console.WriteLine("打印 1 ~ 10 的整数:\n");
            while(i <= 10) //循环控制条件
            {   //循环体
                Console.Write(i + " ");
                i++;//变量变化,且趋于循环结束
            }
            Console.ReadKey();
        }
    }
}
```

在【例 2-11】中，要打印 1 ~ 10 的整数，可以写 10 条输出语句，而使用循环结构控制程序流程，程序会更简洁，提高效率。使用 while 语句控制循环体的重复次数，首先判断“i <= 10”，条件为真时，执行循环体：输出当前 i 的值和 i ++ 语句；之后，执行完本次循

环体后再次判断条件“i <= 10”，若条件依然为真，则再次继续执行循环体……若条件为假，结束整个循环结构。

（2）for 语句

C#中还有一种非常有用的 for 循环语句，特别适合于“已知循环次数”的循环。for 语句的一般语法如下：

```
for(变量声明和赋值;循环判断条件;变量变化)
{
    循环体;
}
```

for 循环的执行过程如下。

1）当循环启动时，先执行“变量声明初始化”部分，为循环控制变量设置初始值。重要的是这个初始化表达式仅在循环开始时被执行一次。

2）计算“循环判断条件”表达式的值。表达式必须是布尔表达式。如果表达式值为“真”，则执行一次循环体，然后执行步骤 3)；如果为“假”，则循环终止，转去执行循环体后面的语句行。

3）执行“变量变化”部分，通常是增加或减少循环控制变量的值，以便使条件表达式的值发生变化，并趋于循环结束。“变量变化”部分执行完，一次循环结束，然后转回去执行 2)。这个过程不断重复直到条件表达式值变为“假”。

需要注意：for 循环语句中 for（;;）中的两个分号是不能缺少的，即便没有相应的表达式，分号也必不可少。

【例 2-12】使用 for 语句实现前面的例题，在屏幕上输出打印 1 ~ 10 的整数。

程序运行效果图，如图 2-18 所示。

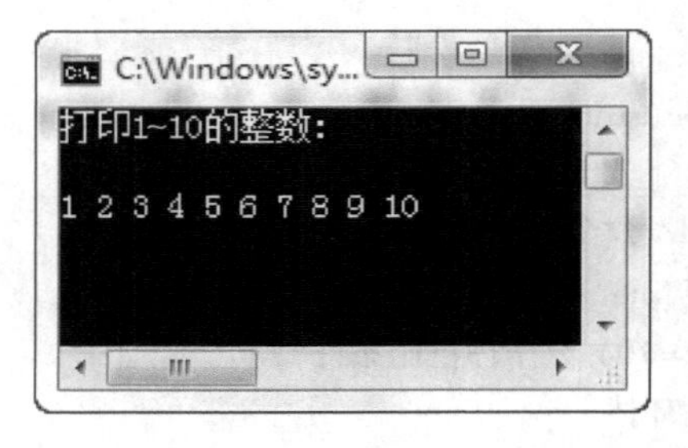

图 2-18 【例 2-12】程序运行效果图

程序源代码如下：

```
using System;
namespace Test
{
    class Program
    {
        static void Main(string[] args)
        {
```

```
            Console.WriteLine("打印 1 ~ 10 的整数:\n");
            //表达式 1 初始化;表达式 2 控制循环条件;表达式 3 变量变化
            for(int i = 1;i <= 10;i ++)
            {//循环体
                Console.Write(i + " ");
            }
            Console.ReadKey();
        }
    }
}
```

由【例 2-12】可以看到，while 循环语句中的变量声明、循环判断条件、变量变化等元素在 for 循环语句中一个也不缺，但是 for 循环把这些跟循环次数有关的元素都放在 for(; ;) 中，使得循环体 { } 中的循环操作更加纯粹，程序结构更加清晰。

(3) do…while 语句

do…while 语句也是常用的一种循环控制结构。一般语法如下：

```
do
{
    循环体;
} while (循环判断条件);
```

do…while 循环是先执行一次循环体，然后才判断位于 while 后面的循环判断条件表达式的值，如果此时条件表达式的值为“真”，则开始下一次循环；否则循环结束。

【例 2-13】 使用 do…while 语句实现前面例题，在屏幕上输出打印 1 ~ 10 的整数。

程序运行效果图，如图 2-19 所示。

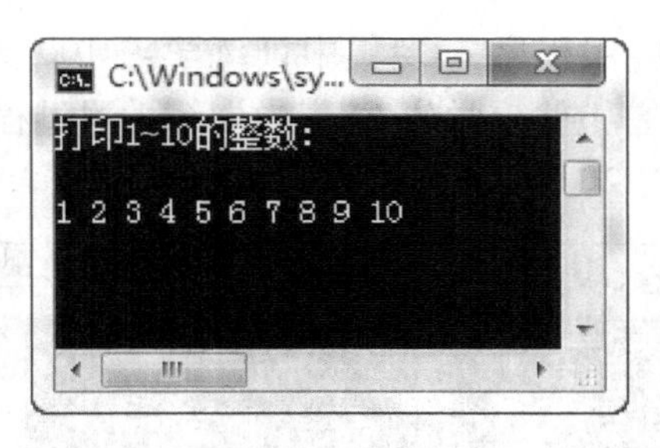

图 2-19 【例 2-13】程序运行效果图

程序源代码如下：

```
using System;
namespace Test
{
    class Program
    {
        static void Main(string[] args)
        {
```

```
            int i = 1;//变量初始化
            Console.WriteLine("打印 1~10 的整数:\n");
            do
            {//循环体
                Console.Write(i + " ");
                i++; //变量变化
            } while(i <= 10); //循环判断条件
            Console.ReadKey();
        }
    }
}
```

由【例 2-13】可以看出，在 do…while 循环语句中，在第一次执行循环体时没有进行循环条件判断，也就是说会无条件地执行一次循环体，此后的逻辑顺序就与 while 循环相同了，先判断条件，结果为 True 再执行循环体一次，直到结果为 False，结束整个循环结构。即使循环条件始终为 False，例如，在定义变量并赋初始值时“int i = 11;”，最初 i 的值就不满足“i <= 10”的循环判断条件，但由于 do…while 循环第一次执行循环体不判断条件，所以循环体也会执行一次。此时将得到输出结果 11。

3. 跳转语句

跳转语句能够改变程序执行的流程。C#提供的跳转语句有 continue、break 等。

（1）continue 语句

循环中应用 continue 语句，可以中止一次循环，直接进入下一次。也就是当程序执行到“continue;”的时候，会立即停止本次循环体，直接进入下一次循环。一般语法如下：

```
continue;
```

【例 2-14】编写控制台应用程序，C#集中训练学习 100 天，每天吃饭、睡觉、学习，其中每 10 天休息一次。在屏幕上输出学生 C#集中训练学习过程。

程序运行效果图，如图 2-20 所示。

图 2-20 【例 2-14】程序运行效果图

程序源代码如下：

```
using System;
namespace Test
{
    class Program
    {
        static void Main(string[] args)
        {
            Console.WriteLine("学生C#集中训练学习过程:");
            Console.WriteLine("-----------------------------------");
            for(int i = 1;i <= 100;i ++)
            {
                if(i%10 ==0)
                {
                    Console.WriteLine("第" +i +"天,休息。");
                    continue;//提前结束本次循环体
                }
                Console.WriteLine("第" +i +"天,吃饭,睡觉,学习。");
            }
            Console.ReadKey();
        }
    }
}
```

在【例2-14】中，循环体内部当变量i的值等于10时，也就是第10天，满足条件“if（i%10 ==0）”所以输出“第10天，休息。”而后执行到“continue;”语句的时候，立即停止本次循环体的继续执行，所以，在屏幕上没有“第10天，吃饭，睡觉，学习。”的输出，而是直接进入下一次循环（即第11次循环）。当然之后的i=20、30、40……满足“if（i%10 ==0）”条件的皆是如此。一般使用continue关键字，在循环中剔除一些特殊的数据。

（2）break语句

前面学习switch语句时，曾经遇到过break语句。break在switch语句中的作用是“跳出switch结构”。

break语句还可以用在循环中，作用是“结束循环”。一般语法如下：

```
break;
```

【例2-15】编写控制台应用程序，C#集中训练学习100天，每天吃饭、睡觉、学习，其中每10天休息一次。每学习一天获得2学分，得到100分则学分修满，学习结束。在屏幕上输出学生C#集中训练学习过程。

程序运行效果图，如图2-21所示。

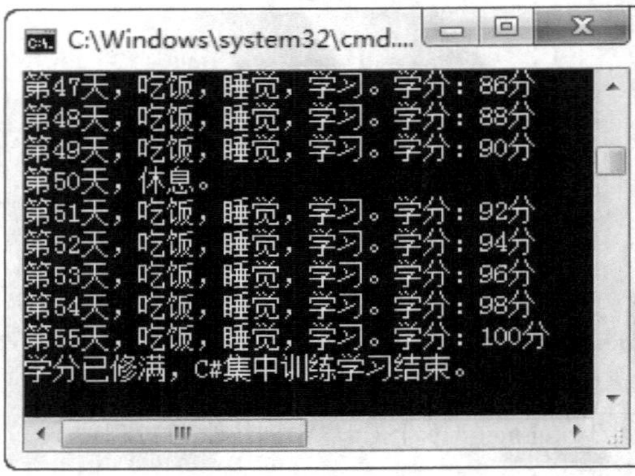

```
C:\Windows\system32\cmd....
第47天，吃饭，睡觉，学习。学分：86分
第48天，吃饭，睡觉，学习。学分：88分
第49天，吃饭，睡觉，学习。学分：90分
第50天，休息。
第51天，吃饭，睡觉，学习。学分：92分
第52天，吃饭，睡觉，学习。学分：94分
第53天，吃饭，睡觉，学习。学分：96分
第54天，吃饭，睡觉，学习。学分：98分
第55天，吃饭，睡觉，学习。学分：100分
学分已修满，C#集中训练学习结束。
```

图 2-21 【例 2-15】程序运行效果图

程序源代码如下：

```
using System;
namespace Test
{
    class Program
    {
        static void Main(string[] args)
        {
            int count = 0; //变量 count 用于累积学分
            Console.WriteLine("学生 C#集中训练学习过程:");
            Console.WriteLine("-------------------------------------");
            for(int i = 1;i <= 100;i ++)
            {
                if(i% 10 == 0)
                {
                    Console.WriteLine("第" + i + "天,休息。");
                    continue;
                }
                count = count + 2; //学习一天,得 2 分
                Console.Write("第" + i + "天,吃饭,睡觉,学习。");
                Console.WriteLine("学分:" + count + "分");
                if(count >= 100)
                {
                    Console.WriteLine("学分已修满,C#集中训练学习结束。");
                    break;
                }
            }
            Console.ReadKey();
        }
    }
```

```
}
```

在【例2-15】中，循环体内部当满足“if (count >= 100)”条件时，执行到 if 分支代码块中的 break；语句，循环结构结束。尽管此时 i = 55 仍然满足 for 语句的循环条件“i <= 100”，但循环都被强制性终止，程序流程从循环体后面的语句继续执行。

2.2.7 异常处理

异常，即有异于常态，和正常情况不一样，在程序中是指运行过程中有错误出现，阻止当前方法、程序继续正常执行。

异常处理是对程序运行时出现的非正常情况进行处理。异常处理可提高程序的健壮性和容错性。

1. 异常的概念

程序中的错误一般分为三类：编译错误、运行错误和逻辑错误。编译错误是因为程序存在语法问题，未能通过编译而产生的，由编译系统负责检测和报告，没有编译错误是一个程序运行的基本条件。逻辑错误是指程序不能按照预期的方案执行，它是编译系统无法检测的，需要人工对运行结果及程序逻辑进行分析，从中找出错误的原因。运行错误是程序运行过程中产生的错误，这类错误可能来自程序员没有预料到的各种情况，或者超出程序员控制的各种因素，如除数为 0、数组下标越界、不能打开指定的文件等，这类错误称为异常(Exception)，也叫作例外。C#提供了有效的异常处理机制，以保证程序的安全性。

【例 2-16】 编写控制台应用程序，计算两个整数相除的商，当用户输入的除数为 0 时，程序发生异常。程序运行效果图，如图 2-22 所示。

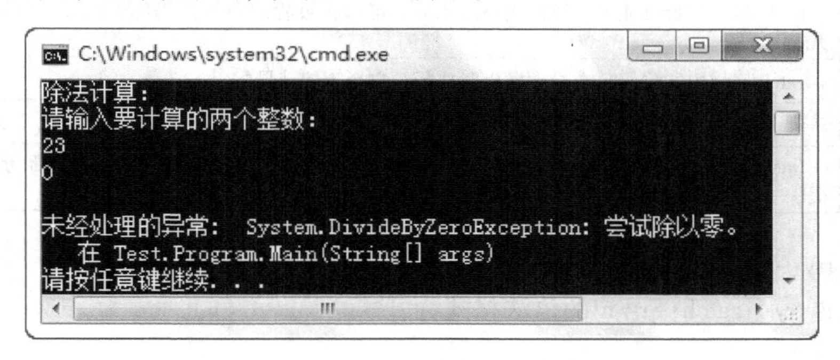

图 2-22 【例 2-16】程序运行效果图

程序源代码如下：

```
using System;
namespace Test
{
    class Program
    {
        static void Main(string[ ] args)
        {
            Console.WriteLine("除法计算:");
```

```
            Console.WriteLine("请输入要计算的两个整数:");
            int a = int.Parse(Console.ReadLine());
            int b = int.Parse(Console.ReadLine());
            double result = a/b;
            Console.WriteLine("---------------------------");
            Console.WriteLine("{0}/{1} = {2}",a,b,result);
            Console.ReadKey();
        }
    }
}
```

在【例 2-16】中，程序代码执行到“double result = a/b;”语句时，因为除数 b 的值为 0，我们知道算术除法运算中，0 不能做除数，所以在程序运行过程中产生了异常，程序不能正常结束。

2. 异常处理

异常处理是处理程序中发生意外情况的机制，可以防止程序进入非正常状态，并可根据不同类型的错误来执行不同的处理方法。

异常处理包括 4 个关键字：try、catch、throw 和 finally，表 2-6 列出了几个关键字的作用说明。

表 2-6　异常处理关键字说明

关 键 字	说　明
try	try 区域是放置可能引起异常代码的地方，可以将过程的所有代码都放在 try 区域内，也可以只放几行代码
catch	catch 区域内的代码只在异常发生时执行，它用于捕获异常
throw	throw 用于抛出异常，常见的异常系统已经定义了，用户可以用 throw 抛出自己定义的异常
finally	finally 区域内的代码在 try 和 catch 区域内的代码执行完之后才执行，在这一部分内放的是清理代码——无论是否发生异常都要执行的代码

（1）使用 try…catch…语句捕获异常

捕获异常的 try…catch…语句的语法格式为：

```
try
{
    // 可能会引发异常的代码
}
catch(ExceptionType1 e )
{
    // 对 ExceptionType1 的处理
}
catch(ExceptionType2 e )
{
    // 对 ExceptionType2 的处理
}
```

……

将可能产生异常的代码放置在 try 语句的代码块内，catch 子句位于 try 块后，其中包含了处理异常的代码块。一个 try 语句可以有多条 catch 语句。当位于 try 语句中的代码块运行时产生异常，系统就会按顺序查找能处理这种异常的 catch 子句，并使程序流程转到该 catch 块中，进行异常处理。在这种情况下 catch 子句的顺序很重要，因为程序会按顺序检查 catch 子句。将先捕获特定程度较高的异常，而不是特定程度较小的异常。如果对 catch 块进行排序，使程序永远不能达到后面的块，编译器将产生错误。

【例 2-17】 编写控制台程序，计算两个整数相除的商，并输出结果。程序运行效果图，如图 2-23 所示。

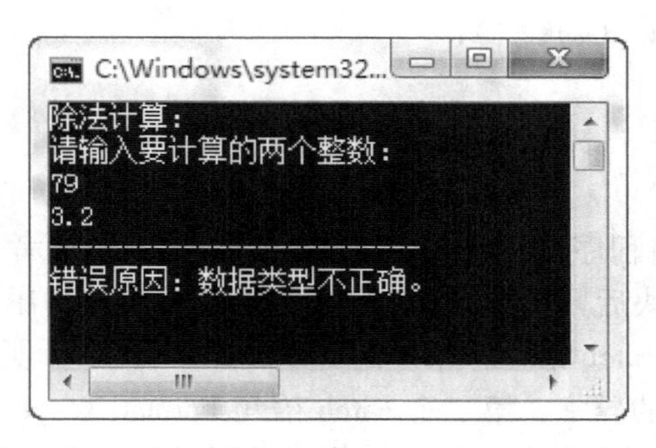

图 2-23 【例 2-17】程序运行效果图

程序源代码如下：

```
using System;
namespace Test
{
    class Program
    {
        static void Main(string[] args)
        {
            try
            {
                Console.WriteLine("除法计算:");
                Console.WriteLine("请输入要计算的两个整数:");
                int a = int.Parse(Console.ReadLine());
                int b = int.Parse(Console.ReadLine());
                double result = a/b;
                Console.WriteLine("---------------------------");
                Console.WriteLine("{0}/{1} = {2}",a,b,result);
            }
            catch(ArithmeticException)
            {
                Console.WriteLine("---------------------------");
                Console.WriteLine("错误原因:除数不能为0");
```

```
            }
            catch(FormatException)
            {
                Console.WriteLine("----------------------------");
                Console.WriteLine("错误原因:数据类型不正确");
            }catch(Exception)
            {
                Console.WriteLine("----------------------------");
                Console.WriteLine("错误原因:程序出现异常");
            }
            Console.ReadKey();
        }
    }
}
```

在【例 2-17】中，将程序运行过程中可能会出错的语句或者全部程序功能语句都放在 try{}语句块中，在 try{}块后紧跟着一个或者多个 catch 语句，用于处理各种类型的异常发生，在例题中使用了三个 catch 语句：第一个 ArithmeticException 类，用于处理与算术有关的异常类型，解决除数为 0 的异常；第二个 catch 语句 FormatException 类，用于处理参数格式错误的异常，解决用户输入的数据类型是非整数类型时的异常；第三个 Exception 类，是所有异常类的基类（父类），特定程度最低。

（2）使用 try…finally…语句

使用 finally 语句可以构成 try…finally…结构或者 try…catch…finally 结构。对于 catch 语句块，如果程序运行过程中没有发生任何类型的异常，将不执行 catch 语句，而 finally 语句，不管程序是否发生了异常，都将执行 finally 块中的语句。因此，可以将清除资源等操作放在 finally 语句块中处理。

【例 2-18】 编写控制台程序，计算两个整数相除的商，并输出结果。程序运行效果图，如图 2-24 所示。

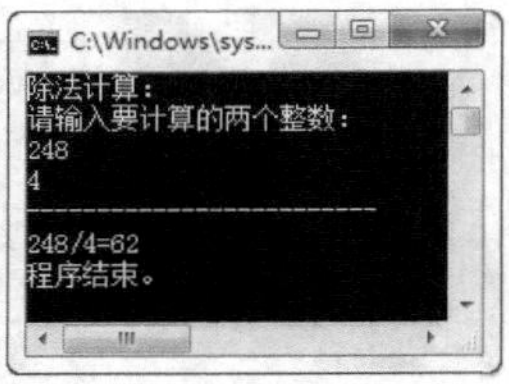

图 2-24 【例 2-18】程序运行效果图

程序源代码如下：

```
using System;
namespace Test
{
    class Program
    {
        static void Main(string[] args)
        {
            try
            {
                Console.WriteLine("除法计算:");
                Console.WriteLine("请输入要计算的两个整数:");
                int a = int.Parse(Console.ReadLine());
```

```
                int b = int.Parse(Console.ReadLine());
                double result = a/b;
                Console.WriteLine("--------------------------");
                Console.WriteLine("{0}/{1} = {2}",a,b,result);
            }
            catch(Exception)
            {
                Console.WriteLine("--------------------------");
                Console.WriteLine("错误原因:程序出现异常");
            }
            finally
            {
                Console.WriteLine("程序结束。");
            }
            Console.ReadKey();
        }
    }
}
```

(3) 使用 throw 语句抛出异常

尽管 C#提供了相当多的异常类，系统异常并不一定总能捕获程序中发生的所有错误，当用户遇到了系统预定义的异常类不能描述的问题时，还需要创建自定义的异常。

【例 2-19】 编写控制台程序，限制用户输入 1 ~ 10 的整数，当输入当数据超出范围时，进行异常处理，提示用户输入的数据不在范围内。程序运行效果图，如图 2-25 所示。

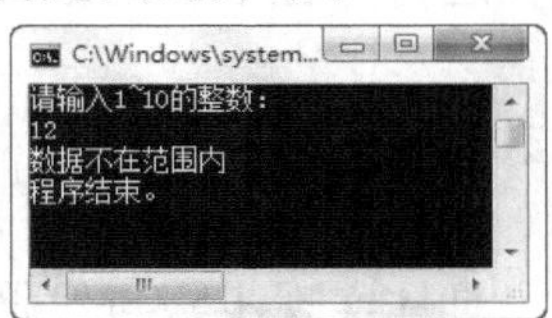

图 2-25 【例 2-19】程序运行效果图

程序源代码如下：

```
using System;
using System.Collections.Generic;
using System.Linq;
using System.Text;
namespace Test
{
    class Program
    {
        static void Main(string[] args)
        {
            Console.WriteLine("请输入 1 ~ 10 的整数:");
            try
            {
                int num = int.Parse(Console.ReadLine());
                if(num < 1 || num > 10)
                throw new MyException("数据不在范围内");
```

```
            }
            catch(MyException me){Console.WriteLine(me.Message);}
            catch(Exception e){Console.WriteLine(e.Message);}
            finally{Console.WriteLine("程序结束。");}
            Console.ReadKey();
        }
    }
    classMyException:ApplicationException //自定义异常类 MyException
    {
        //public MyException(){}
        public MyException(string message):base(message){}
        public override string Message
        {
            get{return base.Message;}
        }
    }
}
```

在【例 2-19】中，自定义了异常类 MyException，它继承了 ApplicationException 类，第一个 catch 语句 catch（MyException me）用于捕获自定义异常；第二个 catch（Exception e）语句用于捕获一般异常，如果异常被第一个 catch 捕获，那么第二个 catch 将不会执行。程序在运行过程中不论是否发生异常，都直接执行 finally{}块中的语句。

2.3 任务实现

具体实现步骤与代码如下。

1）启动 Visual Studio 2013，单击“文件”→“新建”→“项目”命令，在打开的“新建项目”对话框中，选择“控制台应用程序”，输入项目名称“Guess”，并选择项目位置。

2）在 Program.cs 中定义一个静态方法 Guess，实现猜数的功能。

```
static void Guess()
{
    Random rdm = new Random();
    int random = rdm.Next(1,100);
    int count = 0;
    while(true)
    {
        Console.Write("请输入数据[1,100]:");
        string userNum = Console.ReadLine();
        int num = GetValidNum(userNum);
        count++;
        if(num == random)
        {
```

```
                Console.WriteLine("恭喜你,用了{0}次答对了",count);
                break;
            }
            else if(num > random)
            {
                Console.WriteLine("大了");
            }
            else
            {
                Console.WriteLine("小了");
            }
        }
    }
```

其中，GetValidNum 方法用于得到一个整数。

```
    static int GetValidNum(string code)
    {
        int num;
        while(true)
        {
            if(int.TryParse(code,out num))
            {
                return num;
            }
            else
            {
                Console.Write("格式不正确,请重新输入整数:");
                code = Console.ReadLine();
            }
        }
    }
```

若使用 Parse 方法，对应的代码为：

```
    static int GetValidNum_Parse(string code)
    {
        int num;
        while(true)
        {
            try
            {
                num = int.Parse(code);
                return num;
            }
```

```
            catch(Exception ex)
            {
                Console.Write(ex.Message + ",请重新输入数据:");
                code = Console.ReadLine();
            }
        }
    }
```

3）在 Main 方法中调用 Guess 方法，代码如下：

```
    static void Main(string[] args)
    {
        Guess();
    }
```

2.4 小结

1. 数据是程序处理的对象，C#中数据的类型分为值类型和引用类型，通过数据类型的声明，告知计算机如何对各种类型数据进行存储等操作。

2. 变量是内存中的一块空间，提供了可以存储信息和数据的地方，具有记忆数据的功能。变量的值是可以改变的。

3. 程序中所使用的变量必须遵循“先定义，后使用”的原则，变量的定义需要指出变量的数据类型和变量的名称。

4. 常量是在程序运行中其值保持不变的量，也称为常数。常量值也是有数据类型的，常量可分为普通常量和符号常量。

5. 按照对操作数的操作结果分类，运算符可以分为算术运算符、关系运算符、逻辑运算符、赋值运算符等。

6. 数据类型转换是将一种类型的数据转变为另一种类型的数据。当表达式中的数据类型不一致时，就需要进行数据类型转换。类型转换的方法有两种：自动转换和显式转换。

7. C#语言通过控制语句来控制程序流的执行，从而形成了程序的三种基本结构，即顺序结构、分支结构和循环结构。

8. C#的分支语句有两种：if 语句和 switch 语句。这两种语句都是在程序流执行到某一位置时，根据当时条件表达式的结果或状态变量的值来选择程序流接下来的要执行的语句块。

9. 循环语句的作用是重复执行一段程序代码，直到循环条件不再成立为止。重复执行的语句称为循环体。C#提供的循环语句有 while 语句，do…while 语句和 for 语句三种。

10. 循环中应用 continue 语句，可以中止一次循环，直接进入下一次。也就是当程序执行到“continue;”的时候，会立即停止本次循环体，直接进入下一次循环。

11. break 语句用在 switch 分支语句中，作用是“跳出 switch 结构”；break 语句用在循环中，作用是“结束循环”。

12. 异常，即有异于常态，和正常情况不一样，在程序中是指运行过程中有错误出现，阻止当前方法、程序继续正常执行。

13. 异常处理是对程序运行时出现的非正常情况进行处理。异常处理可提高程序的健壮性和容错性。

14. 异常处理根据不同类型的错误来执行不同的处理方法，异常处理包括 try、catch、throw 和 finally4 个关键字。

2.5 习题

1. 选择题

（1）下列标识符命名正确的是（　　）。

A. X. 25　　B. 4foots　　C. val(7)　　D. _Years

（2）在 C#中，表示一个字符串的变量应使用（　　）语句定义。

A. CString str;　　B. string str;　　C. Dim str as string　　D. char * str;

（3）如果左操作数大于右操作数，（　　）运算符返回 false。

A. =　　B. <　　C. <=　　D. 以上都是

（4）在 C#中，（　　）表示“”。

A. 空字符　　B. 空串　　C. 空值　　D. 以上都不是

（5）下列语句在控制台上的输出是什么？（　　）

```
if(true)
System.Console.WriteLine("FirstMessage");
System.Console.WriteLine("SecondMessage");
```

A. 无输出　　B. FirstMessage

C. SecondMessage　　D. FirstMessage SecondMessage

（6）下列关于程序结构的描述中，正确的是（　　）。

```
for( ; ; ){循环体;}
```

A. 不执行循环体　　B. 一直执行循环体，即死循环

C. 执行循环体一次　　D. 程序不符合语法要求

（7）在 C#中无须编写任何代码就能将 int 型数值转换为 double 型数值，称为（　　）。

A. 显式转换　　B. 隐式转换　　C. 数据类型转换　　D. 变换

（8）下面属于合法变量名的是（　　）。

A. P_qr　　B. 123mnp　　C. char　　D. x - y

（9）表达式 12/4 - 2 + 5 * 8/4%5/2 的值为（　　）。

A. 1　　B. 3　　C. 4　　D. 10

（10）下面代码的输出结果是（　　）。

```
int x = 5;
int y = x ++ ;
Console.WriteLine(y);
y = ++x;
```

```
Console.WriteLine(y);
```

A. 5　6　　B. 6　7　　C. 5　6　　D. 5　7

（11）当 month 等于 6 时，下面代码的输出结果是（　　）。

```
int days = 0;
switch(month)
{
        case 2:
                days = 28;
                break;
        case 4:
        case 6:
        case 9:
        case 11:
                days = 30;
                break;
        default:
                days = 31;
                break;
}
```

A. 0　　B. 28　　C. 30　　D. 31

（12）如果 x = 35，y = 80，下面代码的输出结果是（　　）。

```
if(x < -10 || x > 30)
{
        if(y >= 100)
        {
                Console.WriteLine("危险 ");
        }
        else
        {
                Console.WriteLine("报警 ");
        }
}
else
{
        Console.WriteLine("安全 ");
}
```

A. 危险　　B. 报警　　C. 报警　安全　　D. 危险　安全

（13）下面代码运行后，s 的值是（　　）。

```
int s = 0;
for(int i = 1;i < 100;i++)
```

```
{
    if(s>10)
    {
        break;
    }
    if(i%2==0)
    {
        s+=i;
    }
}
```

A. 20　　B. 12　　C. 10　　D. 6

（14）下列选项中，不属于值类型的是（　　）。

A. struct　　B. Int32　　C. int　　D. string

（15）声明 double a; int b;，下列表达式能够正确地进行类型转换的是（　　）。

A. a=(decimal)b;　　B. a=b;　　C. a=(int)b;　　D. b=a;

（16）可用作 C#程序用户标识符的一组标识符是（　　）。

A. void　define　+WORD　　B. a3_b3　_123　YN

C. for　-abc　Case　　D. 2a　DO　sizeof

（17）字符串连接运算符包括 & 和（　　）。

A. +　　B. -　　C. *　　D. /

（18）先判断条件的当循环语句是（　　）。

A. do…while　　B. while　　C. while…do　　D. do…loop

（19）异常捕获发生在（　　）块中。

A. try　　B. catch　　C. finally　　D. throw

（20）以下程序的输出结果是（　　）。

```
string str="b856ef10";
string result="";
for(int i=0;str[i]>='a'&&str[i]<='z';i+=3)
{
result=str[i]+result;
Console.WriteLine(result);
}
```

A. 10fe658b　　B. feb　　C. 10658　　D. b

2. 程序分析

（1）在 C#中，下列代码的运行结果是：

```
using System;
class Test
{
    Public static void Main(string[] args)
```

```
{
        int a = 21, b = 22, c = 23;
        if(a < b)
            Console.WriteLine(b);
        else
            Console.WriteLine(a + b + c);
        }
}
```

（2）下列语句执行后 y 的值为：

```
int x = 0, y = 0;
while(x < 10)
{
    y += (x += 2);
}
```

（3）下列语句在控制台上的输入是什么？

```
if(true)
{
    System.Console.WriteLine("FirstMessage");
    System.Console.WriteLine("SecondMessage");
}
```

2.6 实训任务

1. 编一个程序，输入一个字符，如果是大写字母，就转换成小写字母，否则不转换。

2. 编一个程序，定义结构类型（有姓名、联系方式等结构成员），声明该结构类型变量，用赋值语句对该变量赋值以后再输出。

3. 编一个程序，输入一个正数，对该数进行四舍五入到个位数的运算。例如，实数 12.56 经过四舍五入运算，得到结果 13；而 12.46 经过四舍五入运算，得到结果 12。

4. 编写一个程序，打印 1 到 100 的正整数，每行打印 5 个数。

5. 编写一个程序，用 while 语句，求出 1 +（1 +2）+（1 +2 +3）+ … +（1 +2 +3 + … + 10）之和。

6. 编一个程序，要求使用 while 语句，输入用户名和密码，实现用户登录程序的功能，至多允许输入三次，超过三次不允许登录。

7. 编一个程序，用 while 循环语句实现下列功能：有一篮鸡蛋，不止一个，两个两个数，多余一个，三个三个数，多余一个，再四个四个数，也多余一个，计算这篮鸡蛋至少有多少个。

8. 编一个程序，定义一个实数变量，从键盘上输入一个值，如果这个值在闭区间[0, 100]里，则加上 1000，否则不加。当用户输入的不是实数或者不在[0,100]里，均做异常处理。

任务3 数组与字符串——排序

本章以“排序”为任务载体，讲解 C#的数组与字符串使用。通过本章的学习，使读者：

- 掌握数组的使用；
- 掌握字符串的常用方法。

3.1 任务描述

编写控制台应用程序，实现内容如下。

1）确定数量的数据排序。个数和数据都由用户输入确定。

2）不定数量的数据排序。个数不确定，由用户输入一个标志性字符表示数据结束。

要求：不允许使用除数组之外的集合类。

运行结果如图 3-1 和图 3-2 所示。

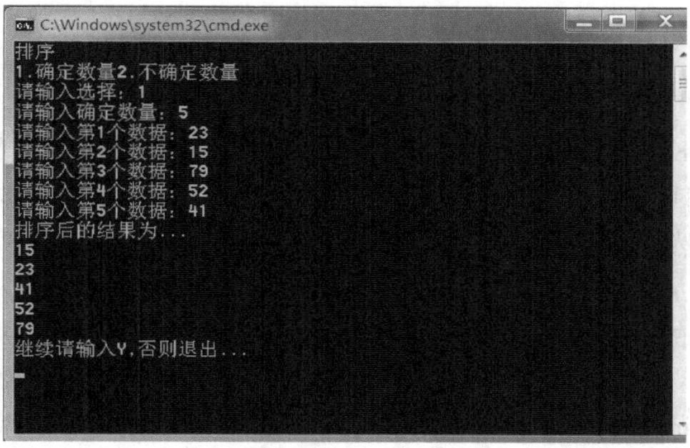

```
C:\Windows\system32\cmd.exe
排序
1.确定数量2.不确定数量
请输入选择：1
请输入确定数量：5
请输入第1个数据：23
请输入第2个数据：15
请输入第3个数据：79
请输入第4个数据：52
请输入第5个数据：41
排序后的结果为...
15
23
41
52
79
继续请输入Y,否则退出...
```

图 3-1 确定数量的排序运行结果

```
C:\Windows\system32\cmd.exe
排序
1.确定数量2.不确定数量
请输入选择：2
请输入第1个数据(X表示结束):38
请输入第2个数据(X表示结束):15
请输入第3个数据(X表示结束):62
请输入第4个数据(X表示结束):25
请输入第5个数据(X表示结束):79
请输入第6个数据(X表示结束):X
排序后的结果为...
15
25
38
62
79
继续请输入Y,否则退出...
```

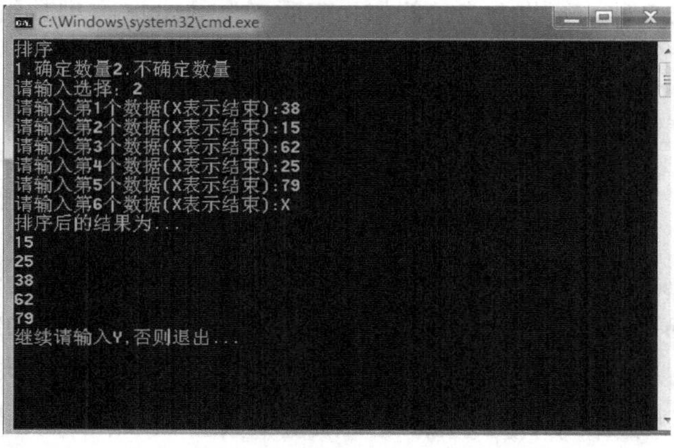

图 3-2 不确定数量的排序运行结果

3.2　相关知识

3.2.1　数组

在编写程序中，经常需要存储多个、同类型的数据。例如，保存98个学生的C#课程考试成绩。是否需要声明98个double类型的变量？之后我们要对98个成绩计算平均成绩，统计最高分，统计不及格人数，成绩进行排序等操作，是否需要给每个变量一次次重新赋值？C#提供了数组，用于专门存储一组相同类型的数据。

1. 一维数组

一维数组与数学上的数列有着很大的相似性。数列a1，a2，a3，…的特点是各个元素名字相同，但下标不同，数组也是如此。在C#语言中，数组与其他基本类型的变量一样，也要遵循“先声明、后使用”的原则。

（1）一维数组的声明

声明一维数组时需要定义数组的名称、维数和数组元素的类型。一般语法如下：

```
数据类型[ ] 数组名 = new 数据类型[长度];
```

例如：声明并初始化长度为3的double类型数组。

```
double[ ] score = new double[3];
```

其中数组名为score，数组名的命名与变量名一样，要遵循标识符的命名规则；长度必须是整数。score数组中包含了3个double类型的数组元素，因为在初始化数组时，[ ] 中声明的长度为3。既然都在数组score中，所以3个数组元素的名字都叫score，为了区分它们，按照顺序给它们加上索引 [0]、[1]、[2] 。

需要注意：数组的索引从0开始编号。那么，数组score中3个元素的名字就分别是score[0]、score[1]、score[2]。数组经过初始化以后，每个数组元素都有默认的初始值，double类型为0.0 ，int类型为0，char类型为'a'，bool类型为false ，string类型为null 。

（2）一维数组的赋值

C#中数组元素有多种初始化方式，例如，声明一个double类型数组，并为其赋初始值，以下几种方法是等效的：

```
double [ ]a = new double[3];                   //数组长度为3
a[0] =98;                                      //给数组a第1个元素赋值
a[1] =79;                                      //给数组a第2个元素赋值
a[2] =63.5;                                    //给数组a第3个元素赋值
double [ ]b = new double[3]{98,79,63.5};       //数组长度为3,并赋初值
double [ ]c = new double[ ]{98,79,63.5};       //数组长度为3,并赋初值
double [ ]d = {98,79,63.5};                    //数组长度为3,并赋初值
```

数组a的初始化，是给每个数组元素逐个赋值；数组b、c、d是在初始化时为数组元素指定初始值，请注意数组b在定义时用 [3] 声明了数组长度，后面 {} 中的初始值个数要与

[] 中声明的长度相同。数组 c、d 初始化没有声明长度，长度由 {} 中的初始值个数确定。

（3）一维数组的访问

数组作为一个整体不能参加数据的处理，参加数据处理的只能是单个的数组元素。在实际应用中，经常可以通过循环来控制对数组元素的访问，访问数组的下标随循环控制变量的变化而变化。

【例 3-1】 编写控制台程序，计算 5 名学生 C#课程的平均成绩。程序运行效果图，如图 3-3 所示。

图 3-3 【例 3-1】程序运行效果图

程序源代码如下：

```
using System;
namespace Test
{
    class Program
    {
        static void Main(string[] args)
        {
            double []score = new double[5];//声明 double 类型数组,长度为 3
            //给数组 5 个元素赋初始值
            Console.WriteLine("请输入 5 名学生的成绩:");
            for(int i =0;i <5;i ++)
            {    //利用索引访问数组的元素
                score[i] = double.Parse(Console.ReadLine());
            }
            //输出显示 5 名学生成绩
            Console.WriteLine("5 名学生的 C#课程成绩是:");
            Console.WriteLine(" ------------------------------ ");
            for(int i =0;i < score.Length;i ++)
            {
                Console.Write(score[i] +" ");
            }
            Console.WriteLine();
            //计算平均成绩
            double sum =0;
            for(int i =0;i < score.Length;i ++)
            {
                sum = sum + score[i];
            }
            Console.WriteLine("平均成绩:{0}",sum/score.Length);
            Console.ReadKey();
        }
    }
}
```

在例题中，我们分别使用了整数 5 和数组的 Length 属性控制循环次数。数组有 5 个元素，下标从 0 开始编号，所以可以使用 for(int i = 0;i < 5;i ++)控制循环；而 Length 是数组的一个属性，能够读取数组的长度，数组 score 长度是 5，Length 就返回 5，利用它和数组元素的索引，可以循环访问每个元素。

（4）使用 foreach 语句遍历数组

使用 for 语句控制循环，可以通过索引访问数组元素；而使用 foreach 语句则可以不依赖索引而读取每一个数组元素。foreach 语句的一般语法如下：

```
foreach(数据类型 迭代变量名 in 数组名)
{
    使用迭代变量;
}
```

其中，数据类型必须与数组类型相同；迭代变量名需要符合命名规则；在数组中使用 in 关键字遍历每个数组元素。

在 foreach 语句执行期间，迭代变量按数组元素的顺序依次将其内容读入并使用。迭代变量只能读不能写。

【例 3-2】 编写控制台程序，从一组学生的 C#成绩中查找不及格的分数，并统计出不及格人数。程序运行效果图，如图 3-4 所示。

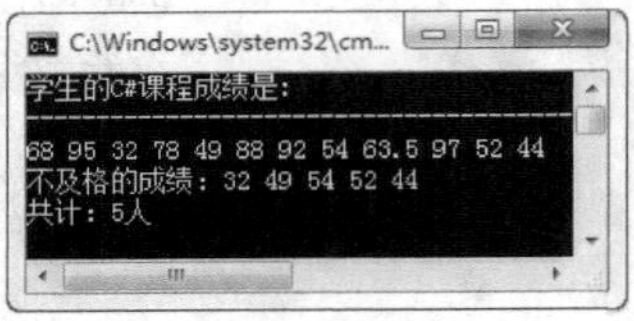

C:\Windows\system32\cm...
学生的C#课程成绩是:
68 95 32 78 49 88 92 54 63.5 97 52 44
不及格的成绩: 32 49 54 52 44
共计: 5人

图 3-4 【例 3-2】程序运行效果图

程序源代码如下：

```
using System;
namespace Test
{
    class Program
    {
        static void Main(string[] args)
        {
            //声明数组,并赋初始值
            double []score = {68,95,32,78,49,88,92,54,63.5,97,52,44};
            //输出显示学生成绩
            Console.WriteLine("学生的 C#课程成绩是:");
            Console.WriteLine("-----------------------------------");
            foreach(double t in score)
            {
                Console.Write(t + " ");
            }
            Console.WriteLine();
                //统计不及格的成绩
            Console.Write("不及格的成绩:");
            int count = 0;//变量 count 累积不及格人数
            foreach(double t in score)
```

```
            }
                if(t < 60)
                {
                    count ++ ;
                    Console.Write(t + " ");
                }
            }
            Console.WriteLine();
            Console.WriteLine("共计:{0}人",count);
            Console.ReadKey();
        }
    }
}
```

在例题中，我们看到，使用 foreach 语句控制循环，遍历数组，程序员不需要知道数组的长度，也不必依赖索引读取每一个数组元素，而是通过 foreach(double t in score)语句中的变量 t 在数组 score 中遍历每一个数组元素，并在 foreach 代码块中使用迭代变量访问到的每一个数组元素。

2. 二维数组

二维数组就是一个特殊的一维数组，它的每个元素都是一个一维数组。二维数组，也就是以数组作为数组元素的数组。将这个概念进行推广，就可以得到多维数组。

（1）二维数组的声明和赋值

二维数组的声明，一般语法如下：

```
数据类型[ , ] 数组名 = new 数据类型[长度1,长度2];
```

在声明时，方括号内加逗号，就表明是多维数组，有 n 个逗号，就是 n + 1 维数组。

例如：定义一个整型的二维数组 a，并赋初始值。

```
int[,] a = new int[2,3]{{1,2,3},{4,5,6}};
```

二维数组 a 中包含两个一维数组 a[0]和 a[1]，每个一维数组又包含了 3 个数组元素，在这个二维数组中总共有 2×3 = 6 个数组元素，也就是二维数组 a 中有两行：a[0]、a[1]；每行有 3 个元素，分别是 a[0,0]、a[0,1]、a[0,2]和 a[1,0]、a[1,1]、a[1,2]。其排列如图 3-5 所示。

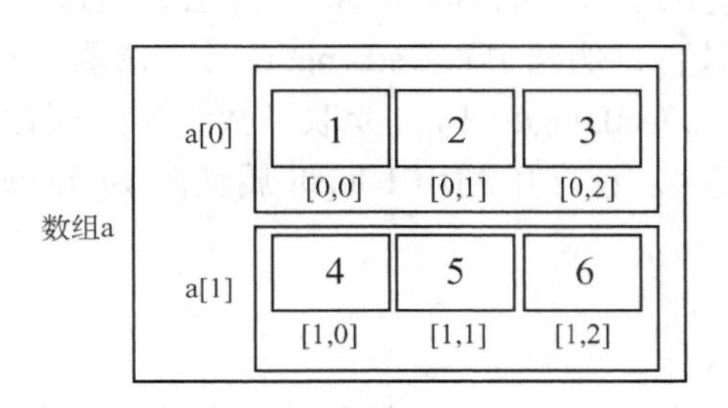

图 3-5　二维数组的排列

(2) 二维数组的访问

【例 3-3】编写控制台程序，有 3 名学生，每个人有语文、数学、C#、体育 4 门课程的考试成绩。请打印成绩单。程序运行效果图，如图 3-6 所示。

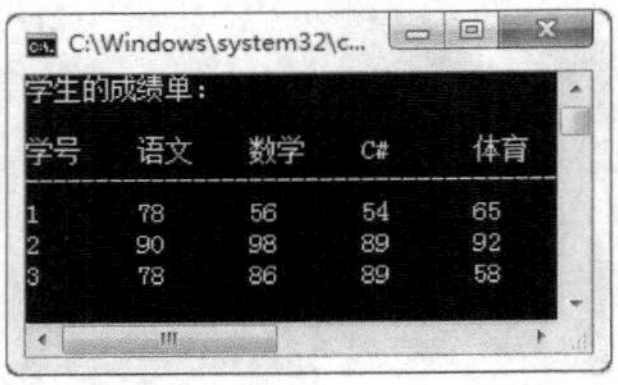

图 3-6 【例 3-3】程序运行效果图

程序源代码如下：

```
using System;
namespace Test
{
    class Program
    {
        static void Main(string[ ] args)
        {
            //定义二维数组 a,其中有 3 个一维数组,每个一维数组中有 4 个元素
            int[ , ]a = {{78,56,54,65},{90,98,89,92},{78,86,89,58}};//定义并赋值
            Console.WriteLine("学生的成绩单:\n");
            Console.WriteLine("学号\t 语文\t 数学\tC#\t 体育");
            Console.WriteLine(" ----------------------------------------- ");
            for(int i = 0;i < a.GetLength(0);i ++ )
            {   //遍历 3 个一维数组
                Console.Write((i + 1) + "\t");
                for(int j = 0;j < a.GetLength(1);j ++ )
                {   //遍历每个一维数组中的 4 个数组元素
                    Console.Write(a[i,j] + "\t");
                }
                Console.WriteLine();
            }
            Console.ReadKey();
        }
    }
}
```

前面我们知道通过访问数组的 Length 属性，可以获取数组的长度，在这个例题中，我们看到遍历数组元素时，使用了数组的 GetLength( )方法，通过 GetLength( )方法可以得到第 n 维的数组长度（n 从 0 开始），例题中 a.GetLength(0)，读取了数组 a 的行数，即一维数组的个数，得到的结果是 3；a.GetLength(1)，读取了数组 a 的列数，也就是每个一维数组中的元素个数，得到的结果是 4。程序中利用 Length 属性和 GetLength( )方法，可以有效地防止数组下标的越界。

3.2.2 字符串

C#中可以使用字符数组来表示字符串，但是，更常见的做法是使用 string 关键字来声明一个字符串变量。string 关键字是 System.String 类的别名。字符串需要使用引号括起来。例如：string sayHi = "Hello,Ann!"；其中 sayHi 是 string 关键字定义的字符串变量。

1. String 类的属性

String 类提供了两个属性：Chars 和 Length。属性 Chars 用于在当前 String 对象中获取 Char 对象的指定位置。Length 用于在当前的 String 对象中获取字符数。

【例 3-4】编写控制台程序，统计指定字符串的字符数，并输出结果。程序运行效果图，如图 3-7 所示。

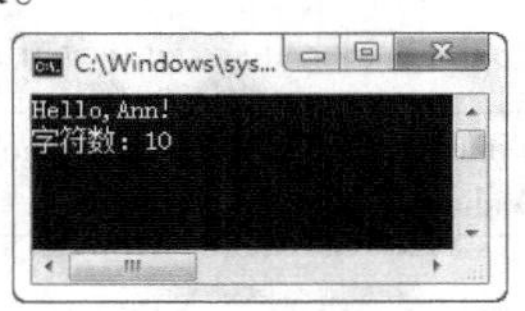

图 3-7 【例 3-4】程序运行效果图

程序源代码如下：

```
using System;
namespace Test
{
    class Program
    {
        static void Main(string[ ] args)
        {
            string sayHi = "Hello,Ann!";
            Console.WriteLine(sayHi);
            Console.WriteLine("字符数:" + sayHi.Length);
            Console.ReadKey();
        }
    }
}
```

2. String 类的方法

String 类提供了许多方法用于 string 对象的操作。最常用的方法见表 3-1。

表 3-1 String 类常用方法表

方 法	方法描述
public static int Compare(stringstrA,string strB)	比较两个指定的 string 对象，并返回一个表示它们在排列顺序中相对位置的整数。该方法区分大小写
public static string Concat(string str0, string str1)	连接两个 string 对象
public bool Contains(string value)	返回一个表示指定 string 对象是否出现在字符串中的值
public static string Copy(string str)	创建一个与指定字符串具有相同值的新的 String 对象
public void CopyTo(int sourceIndex,char[ ] destination,int destinationIndex,int count)	从 string 对象的指定位置开始复制指定数量的字符到 Unicode 字符数组中的指定位置
public static bool Equals(string a,string b)	判断两个指定的 string 对象是否具有相同的值
public int IndexOf(char value)	返回指定 Unicode 字符在当前字符串中第一次出现的索引，索引从 0 开始
public string Insert(intstartIndex,string value)	返回一个新的字符串，其中，指定的字符串被插入在当前 string 对象的指定索引位置
public static bool IsNullOrEmpty(string value)	指示指定的字符串是否为 null 或者是否为一个空的字符串
public static string Join(string separator,params string[ ] value)	连接一个字符串数组中的所有元素，使用指定的分隔符分隔每个元素

（续）

方　法	方法描述
public int LastIndexOf(char value)	返回指定 Unicode 字符在当前 string 对象中最后一次出现的索引位置，索引从 0 开始
public string Remove(intstartIndex)	移除当前实例中的所有字符，从指定位置开始，一直到最后一个位置为止，并返回字符串
public string Replace(stringoldValue, string newValue)	把当前 string 对象中，所有指定的字符串替换为另一个指定的字符串，并返回新的字符串
public string[ ] Split (char[ ] separator, int count)	返回一个字符串数组，包含当前的 string 对象中的子字符串，子字符串是使用指定的 Unicode 字符数组中的元素进行分隔的。int 参数指定要返回的子字符串的最大数目
public string Substring(intstartIndex, int count)	在当前 string 对象中检索字符串，子字符串从指定的字符开始，并且具有指定的长度
public string ToLower ( )	把字符串转换为小写并返回
public string ToUpper( )	把字符串转换为大写并返回
public string Trim( )	移除当前 String 对象中的所有前导空白字符和后置空白字符

【例 3-5】 编写控制台程序，显示一个星期每天的名称。程序运行效果图，如图 3-8 所示。

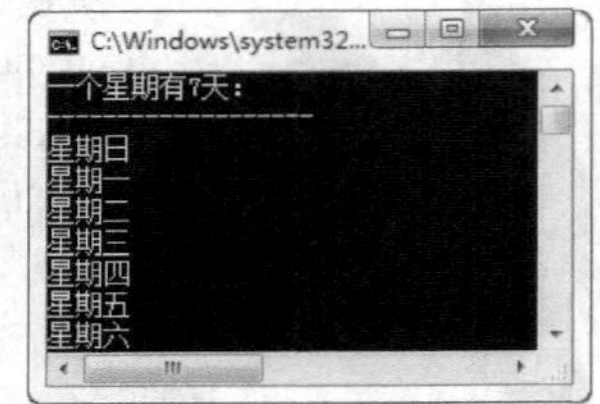

图 3-8 【例 3-5】程序运行效果图

程序源代码如下：

```
using System;
namespace Test
{
    class Program
    {
        static void Main(string[ ] args)
        {
            int i;
            string day = "日一二三四五六",weekday;
            Console.WriteLine("一个星期有{0}天:",day.Length);
            Console.WriteLine("--------------------");
            for(i = 0;i < 7;i ++ )
            {
                weekday = day.Substring(i,1);
                Console.WriteLine("星期" + weekday);
            }
            Console.ReadKey( );
        }
    }
}
```

在例题中，使用了 Length 属性读取字符串的长度；使用了 Substring( )方法在字符串 day 中获取指定长度的子串。从而在 string day = "日一二三四五六"；中逐个读取出星期的名称。

3.3 任务实现

1. 主要思路

对于确定数量的数据，存储在数组中；对于不确定数量的数据，一开始接收的时候可以放在一个字符串中，用户每输入一个数据，就追加在字符串后，数据和数据之间用一个分隔符“,”分隔开，形如“35，12，65，42，78，21”。用户输入完数据之后，利用字符串的相关函数把存储原始数据的字符串转换成整形数组。之后再对数组排序并显示。

2. 具体实现

（1）创建项目

启动 Visual Studio 2013，单击“文件”→“新建”→“项目”命令，在打开的“新建项目”对话框中，选择“控制台应用程序”，输入项目名称“Sort”，并选择项目位置。

（2）实现确定数量的数据排序

具体实现步骤和代码如下。

1）获得确定数量的数据，存入数组中。在 Program. cs 中新建一个静态方法 GetArrayByInput，代码为：

```
static int[] GetArrayByInput()
{
    Console.Write("请输入确定数量:");
    string strLen = Console.ReadLine();
    int len = GetValidNum(strLen);
    int[] array = new int[len];
    for(int i = 0;i < len;i ++)
    {
        Console.Write("请输入第{0}个数据:",i + 1);
        string code = Console.ReadLine();
        array[i] = GetValidNum(code);
    }
    return array;
}
```

其中，GetValidNum 方法为得到整数，代码为：

```
static int GetValidNum(string str)
{
    int num;
    while(true)
    {
        if(int.TryParse(str,out num))
        {
            return num;
        }
```

```
            else
            {
                Console.Write("非法输入,请重新输入:");
                str = Console.ReadLine();
            }
        }
    }
```

2）排序。新建一个方法 Sort，实现简单选择排序。代码为：

```
static void Sort(int[] array)
{
    int len = array.Length;
    for(int i = 0;i < len - 1;i ++)
    {
        int minindex = i;
        for(int j = i + 1;j < len;j ++)
        {
            if(array[j] < array[minindex])
            {
                minindex = j;
            }
        }
        if(minindex != i)
        {
            int temp = array[i];
            array[i] = array[minindex];
            array[minindex] = temp;
        }
    }
}
```

3）显示：

```
static void Display(int[]arr)
{
    foreach(int i inarr)
    {
        Console.WriteLine(i);
    }
}
```

4）把上述方法的调用放入一个方法中，确定数量的数据排序对应的代码为：

```
static void FixedSort()
{
```

```
        //得到正确输入
        int[ ]arr = GetArrayByInput( );
        //整数数组排序
        Sort(arr);
        Console.WriteLine("排序后的结果为...");
        Display(arr);
    }
```

(3) 实现不确定数量的数据排序

具体实现步骤和代码为:

1) 把用户输入的数据保存在一个字符串中。数据和数据之间用“,”分隔开。代码为:

```
static string GetInputString( )
{
    int index = 0;
    string strInput = "";
    while(true)
    {
        Console.Write("请输入第{0}个数据(X 表示结束):",index + 1);
        string code = Console.ReadLine( ).ToString( ).Trim( );
        if(code.Equals("X"))
        {
            strInput = strInput.Remove(strInput.Length - 1);
            break;
        }
        else
        {
            int num = GetValidNum(code);
            strInput += num.ToString( ) + ",";
            index ++;
        }
    }
    return strInput;
}
```

2) 把字符串分离成一个数组。代码为:

```
static int[ ] SplitToIntArray(string input)
{
    char[ ] sep = new char[ ]{',' };
    int[ ] intSplit = null;
    try
    {
        string[ ] strSplit = input.Split(sep);
        int length = strSplit.Length;
```

```
            intSplit = new int[length];
            for(int i = 0;i < length;i ++ )
            {
                intSplit[i] = int.Parse(strSplit[i]);
            }
        }
        catch(Exception ex)
        {
            Console.WriteLine(ex.Message);
        }
        return intSplit;
    }
```

3）不确定数量的数据排序的代码为：

```
    static void UnfixedSort()
    {
        string input = GetInputString();
        int[] arr = SplitToIntArray(input);
        Sort(arr);
        Console.WriteLine("排序后的结果为...");
        Display(arr);
    }
```

（4）程序总框架

代码为：

```
    static void Frame()
    {
        string input ;
        do
        {
            Console.Clear();
            Console.WriteLine("排序");
            Console.WriteLine("1. 确定数量 2. 不确定数量");
            Console.Write("请输入选择:");
            string choose = Console.ReadLine();
            string code = GetValidChoose(choose);
            if(code.Equals("1"))
            {
                FixedSort();
            }
            else
            {
                UnfixedSort();
```

```
            }
            Console.WriteLine("继续请输入Y,否则退出...");
            input = Console.ReadLine();
        } while(input.Equals("Y"));
    }
```

其中，GetValidChoose 方法用于得到正确的选项，代码为：

```
static string GetValidChoose(string choose)
{
    while(true)
    {
        if(choose.Equals("1") || choose.Equals("2"))
        {
            return choose;
        }
        else
        {
            Console.Write("无效选项,请重新输入:");
            choose = Console.ReadLine();
        }
    }
}
```

在 Main 方法中调用 Frame 方法，代码为：

```
static void Main(string[] args)
{
    Frame();
}
```

3.4 小结

1. 一维数组与数学上的数列有着很大的相似性。在 C#语言中，数组与其他基本类型的变量一样，也要遵循“先声明、后使用”的原则。

2. 使用 for 语句控制循环，可以通过索引访问数组元素；而使用 foreach 语句则可以不依赖索引而读取每一个数组元素。

3. 二维数组就是一个特殊的一维数组，它的每个元素是一个一维数组。二维数组，也就是以数组作为元素的数组。

4. C#中可以使用字符数组来表示字符串，但是，更常见的做法是使用 string 关键字来声明一个字符串变量。

5. String 类提供了两个属性：Chars 和 Length。属性 Chars 用于在当前 String 对象中获取 Char 对象的指定位置。Length 用于在当前的 String 对象中获取字符数。

6. String 类提供了许多方法用于 string 对象的操作，如字符串的连接方法，字符串的复制，字符串的比较，字符串的插入、删除、查找、替换等方法。

3.5 习题

1. 选择题

（1）下列关于数组访问的描述中，错误的是（　　）。

A. 数组元素索引是从 0 开始的

B. 对数组元素的所有访问都要进行边界检查

C. 如果使用的索引小于 0，或大于数组的大小，编译器将抛出一个 IndexOutOfRangeException 异常

D. 数组元素的访问是从 1 开始，到 Length 结束

（2）C#数组主要有三种形式，它们是（　　）。

A. 一维数组 、二维数组、三维数组

B. 整型数组、浮点型数组、字符型数组

C. 一维数组、多维数组、不规则数组

D. 一维数组、二维数组、多维数组

（3）数组 pins 的定义如下：

```
int[ ] pins = new int[4]{9,2,3,1};则 pins[1] = (　　)
```

A. 1　　　　B. 2　　　　C. 3　　　　D. 9

（4）有声明语句 double[,] tab = new double[2,3];，下面叙述正确的是（　　）。

A. tab 是一个数组维数不确定的数组，使用时可以任意调整

B. tab 是一个有两个元素的一维数组，它的元素初始值分别是 2，3

C. tab 是一个二维数组，它的元素个数一共有 6 个

D. tab 是一个不规则数组，数组元素的个数可以变化

（5）在数组中对于 for 和 foreach 语句，下列说法不正确的是（　　）。

A. foreach 语句能使你不用索引就可以遍历整个数组

B. foreach 语句总是从索引 1 遍历到索引 Length

C. foreach 总是遍历整个数组

D. 如果需要修改数组元素就必须使用 for 语句

（6）下面代码实现数组 array 的冒泡排序，画线处应填入（　　）。

```
int[ ] array = {20,56,38,45 };
int temp;
for(int i =0;i <3;i ++)
{
        for(int j =0;j <_____;j ++)
        {
            if(a[j] <a[j +1])
```

```
            }
                  temp = a[j];
                  array[j] = a[j+1];
                  array[j+1] = temp;
            }
        }
}
```

A. 4 - i　　B. i　　C. i + 1　　D. 3 - i

（7）下列语句中，能正确地创建数组的是（　　）。

A. int[,] array = int[4,5];

B. int size = int. Parse(Console. ReadLine());int[ ] pins = new int [size];

C. string[ ] str = new string[ ];

D. int pins[ ] = new int[2];

（8）假定有一个10行20列的二维整型数组，下列定义语句中正确的是（　　）。

A. int[ ] arr = new int[10,20]

B. int[ ] arr = int new[10,20]

C. int[,] arr = new int[10,20]

D. int[,] arr = new int[20;10]

（9）下列语句创建了（　　）个string对象。

```
string [ , ]   strArray   =   new string[3,4]
```

A. 0　　B. 3　　C. 4　　D. 12

（10）在C#程序中，使用（　　）关键字来创建数组。

A. new　　B. array　　C. static　　D. this

2. 程序分析

（1）在C#中，下列代码的运行结果是：

```
using System;
class Test
{
    static void Main(string[ ] args)
    {
        string[ ] strings = {"a","b","c"};
        foreach(string info in strings)
        {
            Console. Write(info);
        }
    }
}
```

（2）在C#中，下列代码的运行结果是：

```
int[ ] age = new int[ ]{16,18,20,14,22};
```

```
foreach(int i in age)
{
    if(i > 18)
    continue;
    Console.Write(i.ToString() + " ");
}
```

3.6 实训任务

1. 编一个程序，从键盘输入 10 个实数，存入一个数组，用冒泡法对这个数组做升序排序。

2. 编一个程序，定义一个有 10 个正整数的一维数组 a，在键盘上输入时没有大小次序，但是存入数组时要按由小到大的顺序存放。例如，输入第 1 个数 1 时，存入 a[0]；假如第 2 个数是 5，则数存入 a[1]；假如第 3 个数是 4，那么把前面输入的 5 向后面移动到 a[2]，把 4 插入到 a[1]的位置上，这样使得每输入一个数，保持从小到大的顺序排列。

3. 编一个程序，从键盘输入一个字符串，用 foreach 循环语句，统计其中大写字母和小写字母的个数。

4. 输入一个字符串，将其中小写字母改成大写字母，大写字母改成小写字母，其余字符不变，输出该字符串。

5. 编一个程序，定义一个 n 行 n 列的二维整数数组，赋初值，然后求出对角线上的元素之和。

6. 编一个程序，定义一个 n 行 n 列的二维整数数组，例如，n = 4，输入该数组的全部数据。可以在定义数组时赋予常量值。求二维数组中这样元素的位置：它在行上是最小，在列上也是最小。（注意：它未必是整个数组的最小元素。）

第 2 篇　面向对象编程

任务 4　面向对象编程基础——几何计算

本章以“几何计算”为任务载体，讲解 C#的面向对象编程技术。通过本章的学习，使读者：

- 了解面向对象编程思想；
- 掌握类和对象的概念；
- 掌握类及成员的声明；
- 掌握访问修饰符的意义；
- 掌握重载的概念、含义和实现；
- 掌握参数的使用；
- 掌握继承的含义和实现；
- 掌握子类与基类的转换；
- 掌握多态的含义和实现；
- 掌握抽象类的作用、声明及继承。

4.1　任务描述

编写程序，计算长方形、圆和三角形的周长和面积。

考虑到需求的变更性，使用面向对象编程。下面先介绍面向对象编程的基础知识。

4.2　相关知识

4.2.1　面向过程与面向对象编程方法

面向过程与面向对象是两种编程方法或编程思想：

面向过程编程思想的创始人是尼克劳斯·沃思（Niklaus Wirth）。思想核心是功能分解，即自顶向下，逐层细化。面向过程方法是分析出解决问题所需要的步骤，然后用函数把这些步骤一步一步实现，使用的时候一个一个依次调用就可以了。比如 C 语言就是面向过程语言。面向过程可以说是从细节处思考问题。

面向对象编程思想的创始人是阿兰·凯（Alan Kay）。面向对象编程思想的核心是应对变化，提高复用。面向对象编程方法是把构成问题的事务分解成各个相对独立的对象，再将各个对象交互组合成整个系统。对象包含数据和数据的操作。C++、C#和Java都是面向对象的语言。面向对象可以说是从宏观方面思考问题。

面向对象具有以下优点：

- 重用；
- 易扩展；
- 易维护；
- 灵活。

在软件需求不断变更的情况下，面向对象的优势非常明显。

当然，面向对象也有缺点，缺点表现为：

- 增加工作量；
- 性能低。

下面举例说明面向过程和面向对象编程思想在生活中的体现。

观察一下收音机和计算机的内部构成。收音机由二极管、晶体管、电阻等最基本的元器件构成，如果维修，需要专业人士才能完成。而计算机由各个彼此独立的部件构成，如CPU、内存条等，如果维修，普通用户只需要更换相应的部件。如果说收音机体现的是面向过程的编程思想，计算机体现的就是面向对象的编程思想。

再举一个具体的编程任务：设计五子棋游戏。

若采用面向过程编程思想，会设计如下步骤：开始游戏→黑棋走→绘制棋面→判断输赢→白棋走→绘制棋面→判断输赢→返回2→输出最后结果。

若采用面向对象编程思想，会先构造三个类：黑白双方、棋盘系统和规则系统。黑白双方负责接收用户的输入，并告知棋盘对象；棋盘对象根据棋子的变化绘制棋盘，同时规则对象判定棋局。

4.2.2 类和对象的概念

面向对象编程方法学中有一个重要论断：一切事物都是对象。

在生活中，你、我、他、一只猫、一条狗，或者是一片饼干、一张订单、银行卡等都是对象。对象是一个自包含的实体，用一组可识别的特征和行为来标识。面向对象编程就是针对对象来进行编程的意思。

类是一组具有相同属性和行为的对象集合的抽象。比如你、我、他都有鼻子，都会呼吸和思考，所以可以抽象出“人”这个类。

类就是对象的模板，对象就是类的具体化，创建对象的过程，就是对这个类实例化。

4.2.3 面向对象编程的三大特性

面向对象编程具有三大特性。

- 封装性。封装性是指数据和操作代码封装在一个对象中，形成一个基本单位，各个对象之间相互独立，互不干扰。封装性隐藏对象内部细节，只留少量接口与外界联系。这样做的好处是信息隐蔽，有利于数据安全，防止无关的人访问和修改数据。类是通过抽象和封装而设计出来的。

- 继承性。继承性就是一个类可以派生出新的类，而且新的类能够继承基类的成员。继承为类提供了规范的等级结构。通过类的继承关系，使公共的性质能够共享，提高了软件的重用性。
- 多态性。多态性是指同一操作可作用于继承自同一父类的不同子类对象，并产生不同的执行结果。多态性增强了软件的灵活性。

4.2.4 类的声明

类是一种数据结构，它可以封装数据成员、函数成员和其他的类。C#的一切类型都是类，因此，类是C#语言的基本构成模块。所有的新类在使用前必须先声明。

声明类的语法为：

```
【类修饰符】class【类名】
{
    【类体】
}
```

类访问修饰符有两种。

- public。public 所修饰的顶级类的可访问域是它所在的程序和任何引用该程序的程序，因此访问不受限制。
- internal。类访问修饰符默认为 internal，可访问域为定义它的程序。

其中，顶级类是指不在某个类内声明的类。

类的命名应遵循以下原则：

- 使用名词或名词短语；
- 使用 Pascal 命名法；
- 少用缩写；
- 不要使用下画线字符。

在类体中定义类的成员。

4.2.5 类的成员

类的成员主要由两部分构成。

1）数据成员。数据成员用于描述类的状态，即静态特征，分为字段和常量。字段就是在类中定义的成员变量，用来存储描述类的特征值。

2）函数成员。函数成员用于描述类的操作，即动态行为，包括属性、方法、构造函数、事件、索引器等。

例如，一个 Student 类的声明如下：

```
public class Student//Student 为类名
{
    private string sno;                         //数据成员
    string sname;                               //数据成员
    public string Sno                           //属性
    {
        set{ sno = value;}
        get{ return sno;}
    }
    public Student( string sno,string sname)    //构造函数
    {
        this. sno = sno;
        this. sname = sname;
    }
    public void Study( )//方法
    {
        Console. WriteLine( sname + "正在学习..." );
    }
}
```

第4.2.7～4.2.9节会详细介绍属性、构造函数和方法。

类的成员又分为静态成员和实例成员。

1）静态成员。静态成员是由static修饰符声明的成员。静态成员属于类，被这个类的所有实例所共享。使用静态成员时，必须由类来调用，不能由对象来调用。语法为：

类名.静态成员

2）实例成员。没有static修饰符的成员都是实例成员。实例成员属于对象，每个对象都有实例成员的不同副本。使用实例成员时，由对象来调用。语法为：

对象名.实例成员

4.2.6 类成员的访问修饰符

可以访问一个成员的代码范围叫作该成员的可访问域。类成员的访问修饰符用来控制所修饰的成员的可访问域。访问修饰符使类或者类的成员在不同范围内具有不同的可见性，用于实现数据或代码的隐藏。

类成员的访问修饰符有五个。

- private（成员默认）：可访问域限定于它所属的类内。
- public：访问不受限制，可以在类内和任何类外的代码中访问。
- protected：可访问域限定于类内或从该类派生的类内。
- internal：可访问域限定于类所在的程序内。
- protected internal：protected或者internal，即可访问域限定在类所在的程序或那些由它所属的类派生的类内。

一般数据成员都是private，属性都是public。

4.2.7 属性

数据成员一般都是私有的，外部类如何访问类中的数据成员？C#定义了一种名为属性的访问器来访问数据成员。属性是一种函数成员，它通过特定的方法来设置和获取数据成员的值。

在属性中有两个访问器：set 和 get。set 访问器用于设置字段的值，get 访问器用于获取字段的值。

1. 属性定义

定义属性的一般语法为：

```
【访问修饰符】类型名　属性名
{   get
        { return 私有字段;      }
    set
       {私有字段 = value;}
}
```

其中，set 中的 value 是关键字，不能更改，代表给字段赋的值。

属性的命名应遵循以下原则：

- 名词；
- Pascal 命名法。

【例 4-1】 声明一个 Student 类，含学号、性别和年龄三个私有字段，设置对应的属性，使外部类能够通过属性访问学号、性别和年龄。

在项目中添加一个类，文件命名为 Student. cs。源文件中代码为：

```
public class Student
{
        //数据成员一般都是 private
        private string sno;
        string gender;
        private int age;
        //通过属性(属于函数成员)让外部类能够访问到类中的数据成员
        public string Sno
        {
            set{ sno = value;}        //set 访问器:赋值
            get{ return sno;}         //get 访问器:获取
        }
        public string Gender
        {
            get{ return gender;}
            set{ gender = value;}
        }
```

```
    public int Age
    {
        set{ age = value;}
        get{ return age;}
    }
}
```

这么看，属性还是显得有点多余。属性的作用还有下面两点。

1）属性中只包含 get 访问器，则在类外不能通过属性修改对应的数据成员，这样的属性叫作只读属性，起到保护数据成员的作用。

2）由于属性的 set 访问器可以包含大量的语句，因此可以对赋予的值进行检查，如果值不安全或不符合要求，就可以进行提示。这样就可以避免给类的数据成员设置了错误的值而导致的错误。

【例 4-2】 修改前面的 Student 类，使外部类只能通过属性获取学号，通过属性只能给性别赋予“男”或“女”的值。

```
public class Student
{
    //数据成员一般都是 private
    private string sno;
    string gender;
    private int age;
    public string Sno
    {
        get{ return sno;}                    //只读属性
    }
    public string Gender
    {
        get{ return gender;}
        set{
          if(value = ="男" || value = ="女") //验证输入
          sex = value;
        else
          Console.WriteLine("输入错误!");
        }
    }
    public int Age
    {
        set{ age = value;}
        get{ return age;}
    }
}
```

2. 属性使用

若包含 get 访问器，则可以利用属性给左操作数赋值。语法：

```
左操作数 = 对象名 . 属性
```

若包含 set 访问器，则可以把右操作数赋值给属性，语法：

```
对象名 . 属性 = 右操作数
```

【例 4-3】 在 Program 类中，创建一个 Student 类的对象，设置 Gender 属性为“男”，再获取 Gender 属性值，并显示。

```
class Program
{
        static void Main(string[ ]args)
        {
            Student s = new Student( );        //创建对象
            s. Gender = "男";
            string sex = s. Gender;
            Console. WriteLine(sex)
        }
  }
```

补充说明：

1）语句 Student s = new Student( );的作用为创建一个对象，创建对象稍后再讲；

2）由于属性 Sno 为只读属性，所以，只能获取该属性的值，不能设置该属性的值，也就是说，可以写形如下面这样的代码：

```
string sno = s. Sno;
```

不能写类似

```
s. Sno = “j1500601”;
```

这样的代码。

4.2.8　构造函数

在前面的例 4-3 中，有一条创建对象的语句：Student s = new Student( );语句中的 Student( )是什么呢？是构造函数。

构造函数是特殊的函数成员，它主要用于为对象分配空间，完成初始化的工作。

构造函数特殊性表现在以下几方面：

- 构造函数的名字必须与类名相同；
- 构造函数可以带参数，但没有返回值；
- 构造函数在对象定义时被自动调用；
- 一般地，构造函数总是 public 类型的。

在构造函数中，一般都是为字段赋值，值可以是固定的，也可以通过参数传递。比如，

Student 类的构造函数可以为：

```
public Student( )
{
        this. age = 18;
}
```

补充说明：语句中 this 为关键字，指代当前对象。

当然，也可以为：

```
public Student( string sno,stringsname,int age)
{
        this. sno = sno;
        this. sname = sname;
        this. age = age;
}
```

不难理解，一个类的构造函数可以有多个。

如果没有显式定义构造函数，系统会提供一个默认构造函数（所有字段都会有一个默认值）。各种类型的默认值为：

- 数值型：0；
- Char：'\ 0'；
- Bool：false；
- 枚举：0；
- 引用类型：null。

但只要显式定义构造函数，则默认构造函数就不存在。

建议：对每个类都定义一个无参构造函数。

4.2.9 方法

方法又称为函数，是最基本、最主要的函数成员，其他的函数成员都是以方法为基础来实现的，本质上都是方法。

方法用于实现由类或对象执行的计算和操作，或者说方法就是描述类的行为，决定类能干什么。在面向对象的语言中，类或对象是通过函数成员来与外界交互的。

1. 方法定义

定义方法的语法格式为：

```
【修饰符】 返回类型  方法名(形参列表)
{
    方法体
}
```

方法命名应遵守以下原则：

- 使用动词或动词短语命名方法；
- 使用 Pascal 大小写。

【**例 4-4**】声明两个类，一个为中国人，另一个为美国人。中国人类含有国籍、性别和姓名三个数据成员，并含有打招呼（显示“你好”）和吃饭（显示“用筷子吃饭”）两个方法。美国人类含有国籍、性别、姓氏和名字四个数据成员，也含有打招呼（显示“Hello”）和吃饭（显示“用刀叉吃饭”）两个方法。

两个类的声明代码如下：

```
public class Chinese
{
    string nation;
    public string Nation
    {
        get{ return nation; }
        set{ nation = value; }
    }
    string gender;
    public string Gender
    {
        get{ return gender; }
        set{ gender = value; }
    }
    string name;
    public string Name
    {
        get{ return name; }
        set{ name = value; }
    }
    public Chinese( )
    {


    }
    public Chinese( string nation,string gender,string name)
    {
        this. nation = nation;
        this. gender = gender;
        this. name = name;
    }

    public void Hello( )
    {
        Console. WriteLine( "你好" );
    }
```

```
        public void Eat()
        {
            Console.WriteLine("用筷子吃");
        }
    }

    public class American
    {
        string nation;
        public string Nation
        {
            get{ return nation; }
            set{ nation = value; }
        }
        string gender;
        public string Gender
        {
            get{ return gender; }
            set{ gender = value; }
        }
        string firstname;
        public string Firstname
        {
            get{ return firstname; }
            set{ firstname = value; }
        }
        string lastname;
        public string Lastname
        {
            get{ return lastname; }
            set{ lastname = value; }
        }
        public American()
        {

        }
        public American(string nation,string gender,string firstname,string lastname)
        {
            this.nation = nation;
            this.gender = gender;
            this.firstname = firstname;
            this.lastname = lastname;
```

```
    }
    public void Hello()
    {
        Console.WriteLine("hello");
    }
    public void Eat()
    {
        Console.WriteLine("用刀叉吃饭");
    }
}
```

2. 方法参数

参数的作用就是使信息在方法中传入或传出。

当声明一个方法时，包含的参数说明是形式参数，简称形参。

当调用一个方法时，给出的对应实际参数是实在参数，简称实参。

C#中有 4 种类型的参数。

（1）值参数

值参数是最常见的一种参数，声明时不带任何修饰符，语法格式为：

```
类型  参数名
```

当使用值参数时，将会分配一个新的存储位置，将实参的值复制到这个位置。值参数不会影响实参的值。值参数只能将值带进方法，而不能将值带出方法。

（2）引用参数

声明引用参数的语法格式为：

```
ref  类型  参数名
```

引用参数并不创建新的存储位置。引用参数表示的存储位置就是在方法调用中作为实际参数给出的那个变量所表示的存储位置。所以，改变引用参数的值，就是直接改变了对应的实参的值。

形参为引用参数时，方法调用中对应的实参必须由关键字 ref 和随后的一个与形参类型相同的变量组成。变量在作为引用参数传递之前，必须明确赋值。在方法内部，引用参数始终认为是已经明确赋值的。

引用参数既可以将值带进方法，也可以带出方法。

（3）输出参数

声明输出参数的语法格式为：

```
out  类型  参数名
```

输出参数并不创建新的存储位置。输出参数表示的存储位置就是在方法调用中作为实际参数给出的那个变量所表示的存储位置。

形参为输出参数时，方法调用中对应的实参必须由关键字 out 和随后的一个与形参类型相同的变量组成。变量在作为输出参数传递之前，不一定需要明确赋值。但是在方法返回之前，该方法的每个输出参数都必须明确赋值。

在方法内部，与局部变量一样，输出参数最初也被认为是未赋值的，即使对应的实参已经被明确赋值也是如此。输出参数不能将值带进方法，只能将值带出方法。

输出参数通常用在需要产生多个返回值的方法中。

【例 4-5】 在 Program 类中定义一个方法，返回数组中的最大值和最小值。

分析：需要两个返回值，不妨把最大值和最小值定义为输出参数。当然也可以一个为输出参数，另一个作为返回值。定义方法代码如下：

```
private static void GetMaxMin(int[ ] arr,out int max,out int min)
{
    int num = arr. Length;
    max = min = arr[0];
    foreach(intelem in arr)
    {
        if(elem > max)
        {
            max = elem;
        }
        if(elem < min)
        {
            min = elem;
        }
    }
}
```

在 Main 中调用此方法，代码为：

```
static void Main(string[ ]args)
{
    int[ ]list = new int[ ]{34,54,23,40,64,12,89,75};
    int max,min;
    GetMaxMin(list,out max,out min);
}
```

（4） 参数数组

有时，当声明一个方法时，不能确定要传递给函数作为参数的参数数目。C#参数数组解决了这个问题。参数数组通常用于传递未知数量的参数给函数。

在使用数组作为形参时，形参数据类型前面加上 params 关键字，则参数就是参数数组。如果形参列表中包含一个参数数组，则该参数数组必须位于该列表的最后一个。参数数组的语法格式为：

【修饰符】 返回类型 方法名(其他形参列表,params 数据类型[ ]数组名称)

和参数数组对应的实参既可以是一个数组，也可以是零个或多个表达式。比如下面的代码：

```
class Program
{
    static void Main(string[ ]args)
    {
        int[ ] list = new int[ ]{30,20,40,10,50};
        Display(list);
        Display(30,20,40,10,50);
    }
    static void Display(params int[ ]array)
    {
        int num = array.Length;
        Console.WriteLine("数组中包含{0}个元素",num);
        foreach(int data in array)
        {
            Console.WriteLine(data);
        }
    }
}
```

在 Main 中第一次调用 Display 方法时，对应的实参为一个数组，第二次调用 Display 方法时，对应的实参为 5 个整数。

3. 方法重载

在编程中，经常会遇到这样的情形：方法要实现的功能是一样的，不过需要处理的参数的类型或者个数不同。比如，查找整型数组中的最大值和查找浮点型数组中的最大值。若用不同的函数命名，显然不利于记忆和开发。

用重载可以解决这个问题。要了解重载，先学习方法签名的概念。

方法的签名由方法名称和它的每一个形参（按从左到右的顺序）的类型和种类（值、引用或输出）组成。

注意：

- 方法签名不包含返回类型；
- 不包含 params 修饰符（它可用于指定最右边的参数）；
- 包含 ref 和 out 修饰符，但不区分 ref 和 out。

在一个类中，必须保证每个方法的签名是唯一的。

方法重载就是指在一个类中允许存在方法名称相同，但签名不同的方法。

比如，形如 int Study( )和 int Play( )不是方法重载，因为方法名称不同。

形如 int Study(string)和 void Study(string)不是方法重载，因为方法签名中不包含返回类型，这两个方法的签名相同。

形如 int Study(string)和 void Study( )是方法重载，因为方法名称相同，签名不同。

形如 int Study(string,int)和 int Study(int,study)是方法重载，因为对应的参数类型不同，签名不同。

在编译一个重载方法的调用时，编译器依据实参表与形参表的匹配程度选择最合适的调用方法。

【例 4-6】在 Program 类中实现查找数组中最大值的方法，要求支持 int 和 float 类型。

```
class Program
{
    static void Main(string[ ]args)
    {
        int[ ] list = new int[ ]{30,20,40,10,50};
        float[ ] array = new float[ ]{30.2F,20.3F,40.0F,10F,50F};
        GetMax(list);
        GetMax(array);
    }
    #region 重载
    private static intGetMax(int[ ]arr)
    {
        int num = arr.Length;
        int max = arr[0];
        foreach(intelem in arr)
        {
            if(elem > max)
            {
                max = elem;
            }
        }
        return max;
    }
    private static floatGetMax(float[ ]arr)
    {
        int num = arr.Length;
        float max = arr[0];
        foreach(floatelem in arr)
        {
            if(elem > max)
            {
                max = elem;
            }
        }
        return max;
    }
    #endregion
}
```

4.2.10 创建对象

若要使用类中的实例成员，必须先创建对象。创建一个类的对象，也叫作创建一个类的实例，或者叫作实例化类。

创建对象的一般语法为：

类名　对象名 = new　构造函数

创建一个对象时，将在托管堆中为对象分配一块内存，每个对象都有不同的内存空间。代表对象的变量存储的是存储对象的内存地址。

4.3　任务初步实现

具体实现步骤如下：

1）创建控制台应用程序，项目命名为 OOP_Geometry；

2）添加一个类文件，命名为 Shape. cs；

3）在 Shape. cs 文件中，声明 Circle 类、Rectangle 类和 Triangle 类。

Circle 类中含半径数据成员和半径对应的属性、构造函数、计算周长和面积的方法。

Rectangle 类含长、宽数据成员和长、宽分别对应的属性、构造函数、计算周长和面积的方法。

Triangle 类含代表三角形三条边的三个数据成员和三条边分别对应的属性、构造函数、计算周长和面积的方法。

Shape. cs 文件的代码如下：

```
public class Circle
{
    int radius;
    public int Radius
    {
        get{return radius;}
        set{radius = value;}
    }
    public Circle()
    {
    }
    public Circle(int r)
    {
        radius = r;
    }
    public double GetArea()
    {
        return Math. PI * radius * radius;
    }
    public double GetPerimeter()
    {
        return 2 * Math. PI * radius;
```

```
        }
    }
    public class Rectangle
    {
        int width;
        public int Width
        {
            get{return width;}
            set{width = value;}
        }
        int height;
        public int Height
        {
            get{return height;}
            set{height = value;}
        }
        public Rectangle()
        {
        }
        public Rectangle(int w,int h)
        {
            width = w;
            height = h;
        }
        public double GetArea()
        {
            return width * height;
        }
        public double GetPerimeter()
        {
            return 2 * (width + height);
        }
    }
    public class Triangle
    {
        int a;
        public int A
        {
            get{return a;}
            set{a = value;}
        }
        int b;
        public int B
```

```
    {
        get{ return b; }
        set{ b = value; }
    }
    int c;
    public int C
    {
        get{ return c; }
        set{ c = value; }
    }
    public Triangle( )
    {
    }
    public Triangle( int a,int b,int c)
    {
        this. a = a;
        this. b = b;
        this. c = c;
    }
    public double GetArea( )
    {
        double len = ( a + b + c)/2;
        return Math. Sqrt( len * ( len - a) * ( len - b) * ( len - c) );
    }
    public double GetPerimeter( )
    {
        return a + b + c; ;
    }
}
```

4）在 Program 类的 Main 方法中实例化圆、长方形和三角形，并计算这些几何形状的周长和面积。

```
static void Main( string[ ] args)
{
    Circle circle = new Circle(3) ;
    Rectangle rectangle = new Rectangle(3,4) ;
    Triangle triangle = new Triangle(3,4,5) ;
    double cPerimeter = circle. GetPerimeter( ) ;
    double cArea = circle. GetArea( ) ;
    double rPerimeter = rectangle. GetPerimeter( ) ;
    double rArea = rectangle. GetArea( ) ;
    double tPerimeter = triangle. GetPerimeter( ) ;
    double tArea = triangle. GetArea( ) ;
```

```
        Console.WriteLine("圆的周长 = {0},面积 = {1}",cPerimeter,cArea);
        Console.WriteLine("长方形的周长 = {0},面积 = {1}",rPerimeter,rArea);
        Console.WriteLine("三角形的周长 = {0},面积 = {1}",tPerimeter,tArea);
    }
```

运行结果如图 4-1 所示。

```
C:\Windows\system32\cmd.exe
圆的周长=18.8495559215388,面积=28.2743338823081
长方形的周长=14,面积=12
三角形的周长=12,面积=6
请按任意键继续. . .
```

图 4-1　运行结果

上述代码有无重复的地方？若增加几何形状，如何让代码变动量最少？怎么改进？要解决这些问题，请先学习继承、多态和抽象类。

4.4　持续完善的相关知识

4.4.1　继承

1. 继承概念与作用

我们先从现实世界理解一下继承。继承是子孙依法承受父辈遗留下来的财产，或者后人把前人的作风、文化、知识等接受过来。

在面向对象中，继承就是一个类 A 自动拥有另一个类 B 的全部特性和行为。B 类就称为父类或基类，A 类就称为子类或派生类。一般用继承来表示类之间的层次关系。比如：中国人和美国人都是不同国籍的人，可以用图 4-2 来描述人、中国人、美国人这三个类之间的继承关系，即中国人和美国人都是由人这个类派生而来的。

再比如动物之间的层次关系可以用继承关系来描述，如图 4-3 所示。

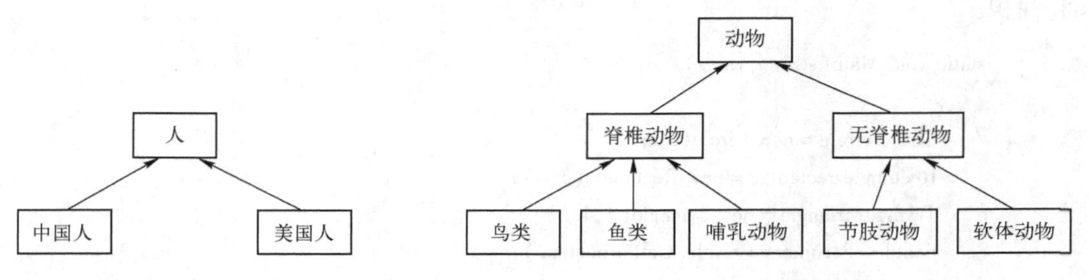

图 4-2　人、中国人和美国人的继承关系　　　　图 4-3　动物分类图

可以看出，面向对象中的继承，是从现实世界中事物对象的分类和共性抽象而来的。子类和父类之间一定具备“Is - a”的关系。

若类之间具有继承关系，则派生类自动拥有基类除构造函数和析构函数之外的所有成员，当然有些继承成员在派生类中可能是不可访问的，这取决于基类成员的可访问性。派生类除了继承成员外，还可以新增成员。

2. 继承语法

继承语法为：

```
【类修饰符】class【类名】:基类
  {
    【类体】
  }
```

【例 4-7】 改写例 4-4 中的类，中国人和美国人为人类的派生类。人具有国籍、性别。

```
public class Person
{
    string nation;
    public string Nation
    {
        get{ return nation;}
        set{ nation = value;}
    }
    string gender;
    public string Gender
    {
        get{ return gender;}
        set{ gender = value;}
    }
    public Person()
    {

    }
    public Person(string nation,string gender)
    {
        this.nation = nation;
        this.gender = gender;
    }

    public void Hello()
    {
        Console.WriteLine("");
    }

    public void Eat()
    {
        Console.WriteLine("");
```

```
        }
    }
    public class Chinese:Person
    {
        string name;
        public string Name
        {
            get{return name;}
            set{name = value;}
        }
        public Chinese()
        {

        }
        public Chinese(string nation,string gender,string name)
            :base(nation,gender)
        {

            this.name = name;
        }

        public void Hello()
        {
            Console.WriteLine("你好");
        }

        public void Eat()
        {
            Console.WriteLine("用筷子吃");
        }
    }

    public class American:Person
    {
        string firstname;
        public string Firstname
        {
            get{return firstname;}
            set{firstname = value;}
        }
        string lastname;
        public string Lastname
        {
```

```
        get{ return lastname; }
        set{ lastname = value; }
    }
    public American( )
    {

    }
    public American( string nation,string gender,string firstname,string lastname)
        :base( nation,gender)
    {
        this. firstname = firstname;
        this. lastname = lastname;
    }
    public void Hello( )
    {
        Console. WriteLine( "hello" ) ;
    }
    public void Eat( )
    {
        Console. WriteLine( "用刀叉吃饭" ) ;
    }
}
```

关于继承，补充几点说明。

1）C#只支持类的单一继承。除了类 object，每个类有且只有一个直接基类。

2）子类能够在继承父类的基础上添加新的成员，但是它不能移除继承成员的定义。

3）继承是可传递的。如果 A 派生了 B，B 派生了 C，那么 C 既会继承在 B 中声明的成员，也会继承在 A 中声明的成员。

可以看出，继承具有以下优点：

- 简化了类、对象的创建工作量，增强了代码的可重用性；
- 增强了代码的开放性、可扩展性。

3. 子类构造函数的执行顺序

因为子类也包含基类的成员，基类成员初始化工作在基类的构造函数中完成，而子类又没有继承基类的构造函数，所以子类构造函数默认先执行基类的无参构造函数（若类已显式定义构造函数，则默认的就不存在），再执行子类的构造函数。下面用一段简单的代码来验证这个规则。

```
public class Person
{
    public Person( )
    {
        Console. WriteLine( "A parent class is created" ) ;
    }
```

```
}
public class Chinese:Person
{
    public Chinese()
    {
        Console.WriteLine("A child class is created");
    }
}
```

在 Main 方法中，实例化 Chinese，运行结果显示：

```
A parent class is created
A child class is created
```

若想指定执行基类的有参构造函数呢？需要在子类的构造函数中利用 base 关键字和实参来确定调用基类的哪个有参构造函数。具体语法为：

```
class 子类:基类
{
    public 子类构造函数(形参列表):base(实参列表)
{
    //代码省略
}
//代码省略
}
```

其中，base 为关键字，指代基类。base 为派生类调用基类成员提供一种简洁的方法。base 主要用于访问被当前类的成员所隐藏的基类成员。base 只能用于实例构造函数、实例方法或实例访问器的语句块中。

比如，例 4-7 中，若想在 Chinese 类中的一个构造函数中指定先执行基类的给国籍和性别赋值的构造函数，则代码为：

```
public Chinese(string nation,string gender,string name):base(nation,gender){//代码略}
```

4. 基类与子类的转换

基类和子类之间可互相转换吗?

1）子类可隐式转换成基类。

比如，可以这样写

```
Person p = new Chinese();
```

2）基类可有条件地转换为子类。只有当基类的引用变量指向子类对象时，才能够成功地进行类型转换，否则不能转换。

基类转换为子类的方法有如下三种。

（1）强制转换

```
Person p = new Chinese();
```

```
Chinese c = (Chinese)p;
```

（2）使用 is 运算符

一般使用方法：

```
if(基类对象名 is 子类名)
```

说明：如果能转换则为 true，否则为 false。

比如：if(p is Chinese)。

（3）使用 as 运算符（只适用于引用类型）

一般使用方法：

```
子类 对象名 = 基类对象名 as 子类
```

说明：如果转换不成功，对象为 null，否则不为 null。

建议：转换时，先用 as，再用 is，最后用强制。

5. 编译时类型和运行时类型

对于代码

```
Person p = new Chinese();
```

p 的类型到底是什么？实际上有两种类型：编译时类型和运行时类型。

编译时类型由声明该变量时使用的类型决定。比如对于上述代码，p 的编译时类型就是 Person。

运行时类型由实际指向的类型决定。比如对于上述代码，p 的运行时类型就是 Chinese。

采用例 4-7 中类，在 Main 中测试如下代码，请读者预测执行结果。

```
static void Main(string[] args)
{
    Chinese c = new Chinese("中国","男","马云");
    c.Eat();//①

    Person p = new Person();
    p.Eat();//②

    Person p1 = c;      //子类可以直接隐式转换为父类
    p1.Eat();//③
}
```

①处显然调用的是 Chinese 类的 Eat 方法。②中调用的是 Person 类的 Eat 方法。③比较特殊，p1 声明时类型为 Person，运行时类型为 Chinese，根据运行结果，可知调用的仍是 Person 类的 Eat 方法。

若希望指向哪个对象就调用哪个对象的方法呢？需要用到下面要讲的多态。

4.4.2 多态

1. 多态的概念

多态从字面上理解就是多种形态的意思。多态这个概念最早来自生物学，生物学中的多态性（英语：polymorphism）是指一个物种的同一种群中存在两种或多种明显不同的表型，就像古话“一龙生九子，九子各不同”。生活中也有多态的体现。比如同样一件行为，不同种族或不同国籍人表现的形式却是不同的。如同为吃饭，中国人使用筷子，美国人多用刀叉。再比如问候，中国人一般握手问候，美国人多为拥抱。这种不同的类型对象对于同一方法表现出了不同的行为的方式就是多态。

面向对象中的多态是指同一操作作用于不同的类的实例，不同的类将进行不同的解释，最后产生不同的执行结果。实现的前提为在父类和不同的子类中，都具有签名相同的函数成员，不妨命名为 A。当调用 A 时，编译时不能决定，只有在运行时才能根据具体指向来决定调用哪个类的 A。也就是说在调用具有继承关系的类的签名相同的函数成员时，直到程序运行时才能根据实际情况来确定会调用哪个类的实例的函数成员。

具体如何实现多态呢?

2. 多态的实现

实现多态需要下面几步前提。

1）在基类中将和子类具有签名相同的函数成员声明为虚方法。虚方法就是实例方法的声明中含有 virtual 修饰符。注意虚成员不能是私有成员。

2）在子类中重写基类的虚方法。重写方法就是实例方法的声明中含有 override 修饰符。

3）声明为基类对象。

这样，当调用签名相同的函数成员时，在程序运行时根据基类对象的具体指向来决定调用哪个子类的方法。

下面通过一个具体的例子来体会一下多态的用法。

【例 4-8】 改写人、中国人和美国人三个类，使之能够体现多态。

思路：在人类中将吃饭和打招呼改为虚方法，在中国人和美国人两个子类中重写虚方法。

代码如下：

```
public class Person
{
    string nation;
    public string Nation
    {
        get{ return nation;}
        set{ nation = value;}
    }
    string gender;
    public string Gender
    {
        get{ return gender;}
        set{ gender = value;}
    }
    public Person()
    {
```

```
        }
        public Person(string nation,string gender)
        {
            this.nation = nation;
            this.gender = gender;
        }

        public virtual void Hello()
        {
            Console.WriteLine("Person hello");
        }

        public virtual void Eat()
        {
            Console.WriteLine("Person eat");
        }
    }
    public class Chinese:Person
    {
        string name;
        public string Name
        {
            get{ return name;}
            set{ name = value;}
        }
        public Chinese()
        {

        }
        public Chinese(string nation,string gender,string name):base(nation,gender)
        {

            this.name = name;
        }

        public override void Hello()
        {
            Console.WriteLine("你好");
        }

        public override void Eat()
        {
```

```
            Console.WriteLine("用筷子吃");
        }
    }

    public class American:Person
    {
        string firstname;
        public string Firstname
        {
            get{return firstname;}
            set{firstname = value;}
        }
        string lastname;
        public string Lastname
        {
            get{return lastname;}
            set{lastname = value;}
        }
        public American()
        {


        }
        public American(string nation,string gender,string firstname,string lastname)
            :base(nation,gender)
        {


            this.firstname = firstname;
            this.lastname = lastname;
        }
        public override void Hello()
        {
            Console.WriteLine("hello");
        }
        public override void Eat()
        {
            Console.WriteLine("用刀叉吃饭");
        }
    }
```

3. 多态的魔力

通过使用多态性，程序在运行时就可以通过声明为基类的对象来调用子类中的方法，这样使程序具有一定的灵活性和通用性。

【例 4–9】 某公司有三种员工：

1）文员（Clerk），工资计算方式是：基本工资＋奖金－缺勤天数×5；

2）销售员（Salesman），工资计算方式是：基本工资＋销售业绩×0.05；

3）临时工（HourlyWorker），工资计算方式是：工作小时数×20。

每个员工都有自己的工号、姓名。使用面向对象方法编写一个程序，计算公司发放工资的总数（公司各种类型的员工人数自行决定）。

思路：设计一个基类员工类，文员、销售员和临时工为员工类的子类，子类和基类都含有计算工资的方法。再设计一个用于计算工资总数的类，包含一个计算工资总数的方法，关键是方法的参数，参数应为所有类型的员工，声明为员工基类的数组较合适。

具体步骤如下。

1）添加一个类文件，命名为 Employee. cs。在文件内声明员工、文员、销售员和临时工四个类。代码如下：

```
public class Employee
{
    string id;
    string name;
    public Employee( )
    {

    }
    public Employee( string id,string name)
    {
        this. id = id;
        this. name = name;
    }
    public virtual double GetSalary( )
    {
        return 0. 0;
    }
}

public class Clark:Employee
{
    double baseSalary;                //基本工资
    int bonus;                        //奖金
    int absentDays;                   //缺勤天数
    public Clark( )
    {

    }
    public Clark( double baseSalary,int bonus,int absentDays,string id,string name)
        :base( id,name)
    {
```

```
            this.baseSalary = baseSalary;
            this.bonus = bonus;
            this.absentDays = absentDays;
        }
        public override doubleGetSalary()
        {
            //基本工资 + 奖金 - 缺勤天数 * 5
            return baseSalary + bonus - absentDays * 5;
        }
    }

    public class Salesman:Employee
    {
        double baseSalary;              //基本工资
        int grade;                      //销售业绩
        public Salesman()
        {

        }
        public Salesman(double baseSalary,int grade,string id,string name):base(id,name)
        {
            this.baseSalary = baseSalary;
            this.grade = grade;
        }
        public override doubleGetSalary()
        {
            //基本工资 + 销售业绩 * 0.05
            return baseSalary + grade * 0.05;
        }
    }

    public class HourlyWorker:Employee
    {
        int hours;                      //工作小时数
        public HourlyWorker()
        {

        }
        public HourlyWorker(int hours,string id,string name)
            :base(id,name)
        {
            this.hours = hours;
        }
        public override double GetSalary()
```

```
        {
            //工作小时数*20
            return hours*20;;
        }
    }
```

2）再添加一个类文件，命名为 Factory.cs，在 Factory 类中包含一个计算工资总数的方法。代码如下：

```
public class Factory
{
    public static double GetAllSalary(Employee[]emps)
    {
        double sum=0.0;
        foreach(Employee e inemps)
        {
            sum+=e.GetSalary();
        }
        return sum;
    }
}
```

多态的优点在这个方法中得到充分展示，请读者细细体会。

3）在 Main 方法中声明一个数组，实例化数组中各个元素，调用计算工资总数的方法。代码如下：

```
static void Main(string[]args)
{
    int empNum=6;
    Employee[] emps=new Employee[empNum];
    emps[0]=new Clark(4000,1000,1,"01","");
    emps[1]=new Clark(2000,800,0,"02","");
    emps[2]=new Salesman(3000,60000,"03","");
    emps[3]=new Salesman(2000,50000,"04","");
    emps[4]=new Salesman(1500,30000,"05","");
    emps[5]=new HourlyWorker(30,"06","");
    double sum=Factory.GetAllSalary(emps);
    Console.WriteLine("工资总数为{0}",sum);
}
```

4.4.3 抽象类

1. 抽象类的概念和声明

不需要实例化的类可以声明为抽象类。抽象类就是不与具体的事物相联系，只表达一种抽象概念的类，仅仅是作为其派生类的一个基类。

声明抽象类需加关键字 abstract。

语法如下：

```
【访问修饰符】abstract class【类名】:【基类或接口】
{
    【类体】
}
```

抽象类中可以有字段、属性和普通方法，还可以包含一类特殊的成员，即抽象成员。

抽象成员是没有具体实现的成员。抽象成员都是函数成员，包括抽象方法、抽象属性、抽象索引器和抽象事件。抽象方法相当于方法的声明，抽象属性中只包含 get 和 set 关键字。

声明抽象成员时需要使用关键字 abstract 修饰，注意不能同时使用 virtual、static、private 修饰符。

【例 4-10】 声明一个抽象类 Employee，包含抽象方法 GetSalary 以及含设置和读取的抽象属性。

代码如下：

```
public abstract class Employee
{
    string id;
    string name;
    public Employee( )
    {

    }
    public Employee(string id,string name)
    {
        this. id = id;
        this. name = name;
    }
    public abstract double GetSalary( );
    public abstract double BaseSalary{get;set;}
}
```

抽象类的目的也是为了让程序编写得简单方便。

抽象类与非抽象类主要有如下几点区别：

- 抽象类不能直接被实例化，但有构造函数；
- 抽象类中可以（但不要求）包含抽象成员，但非抽象类中不可以；
- 抽象类不能封装（封装就是不能再继承）。

2. 抽象类的继承

如果一个非抽象类从抽象类中派生，则其必须通过使用 override 修饰符重写来实现所有继承而来的抽象成员。

【例 4-11】 声明一个销售员类 Salesman，继承自例 4-5 中抽象类 Employee，工资计算方式是：基本工资 + 销售业绩 ×0.05。

代码如下：

```
public class Salesman:Employee
{
    double baseSalary;          //基本工资
    int grade;                  //销售业绩
    public Salesman()
    {

    }
    public Salesman(double baseSalary,int grade,string id,string name):base(id,name)
    {
        this.baseSalary = baseSalary;
        this.grade = grade;
    }
    public override double GetSalary()
    {
        //基本工资 + 销售业绩 * 0.05
        return baseSalary + grade * 0.05;
    }
    public override double BaseSalary
    {
        set{ baseSalary = value;}
        get{ return baseSalary;}
    }
}
```

4.5 任务持续完善

4.5.1 使用继承

使用继承具体实现步骤如下。

1）添加一个基类 Shape 类，圆、长方形和三角形继承 Shape 类。Shape 类中包含形状名称和显示周长、面积等成员。

Shape.cs 文件的代码如下：

```
public class Shape
{
    string type;
    public Shape()
    {
```

```
    }
    public Shape(string type)
    {
        this.type = type;
    }

    public void Display(double c,double s)
    {
        Console.WriteLine(type + "周长 = {0},面积 = {1}",c,s);
    }
}

public class Circle:Shape
{
    int radius;
    public Circle(int r):base("圆")
    {
        radius = r;
    }
    public double GetArea()
    {
        return Math.PI * radius * radius;
    }
    public double GetPerimeter()
    {
        return 2 * Math.PI * radius;
    }
}

public class Rectangle:Shape
{
    int width;
    int height;
    public int Width
    {
        get{ return width;}
        set{ width = value;}
    }

    public int Height
    {
        get{ return height;}
```

```
        set{ height = value; }
    }
    public Rectangle( )
    {


    }

    public Rectangle( int w,int h) :base("长方形")
    {
        width = w;
        height = h;
    }
    public double GetArea( )
    {
        return width * height;
    }
    public double GetPerimeter( )
    {
        return 2 * ( width + height) ;
    }
}
public class Triangle:Shape
{
    int a;

    public int A
    {
        get{ return a; }
        set{ a = value; }
    }
    int b;

    public int B
    {
        get{ return b; }
        set{ b = value; }
    }
    int c;

    public int C
    {
        get{ return c; }
```

```
            set{ c = value; }
        }
        public Triangle( )
        {

        }
    public Triangle( int a,int b,int c) :base("三角形")
    {
            this. a = a;
            this. b = b;
            this. c = c;
        }

        public double GetArea( )
        {
            double len = ( a + b + c)/2;
            return Math. Sqrt( len * ( len - a) * ( len - b) * ( len - c) );
        }
        public double GetPerimeter( )
        {
            return a + b + c; ;
        }
    }
```

2）在 Program 类的 Main 方法中实例化圆、长方形和三角形，并计算这些几何形状的周长和面积。

代码如下：

```
    static void Main( string[ ] args)
    {
        Circle circle = new Circle(3) ;
        Rectangle rectangle = new Rectangle(3,4) ;
        Triangle triangle = new Triangle(3,4,5) ;
        double cPerimeter = circle. GetPerimeter( ) ;
        double cArea = circle. GetArea( ) ;
        double rPerimeter = rectangle. GetPerimeter( ) ;
        double rArea = rectangle. GetArea( ) ;
        double tPerimeter = triangle. GetPerimeter( ) ;
        double tArea = triangle. GetArea( ) ;
        circle. Display( cPerimeter, cArea) ;
        rectangle. Display( rPerimeter, rArea) ;
        triangle. Display( tPerimeter, tArea) ;
    }
```

运行结果如图 4-4 所示。

图 4-4　使用继承运行结果

使用继承虽然可以简化部分代码，但在计算几何形状的周长和面积时分别调用各自类的方法，代码仍显啰嗦，且不够灵活。

4.5.2　使用多态

使用多态继续改进代码具体实现步骤如下。

1）Shape 类中新增两个虚方法：计算周长和计算面积。Circle、Rectangle 和 Triangle 子类中重写这两个虚方法，为使用多态做好准备。

Shape. cs 文件的代码如下：

```
public class Shape
{
    string type;
    public Shape( )
    {


    }
    public Shape( string type)
    {
        this. type = type;
    }
    public virtual double GetArea( )
    {
        return 0. 0;
    }
    public virtual double GetPerimeter( )
    {
        return 0. 0;
    }

    public void Display( double c,double s)
    {
```

```
            Console.WriteLine(type +"周长 = {0},面积 = {1}",c,s);
        }
}

public class Circle:Shape
{
    int radius;
    public Circle(int r):base("圆")
    {
        radius = r;
    }
    public override double GetArea()
    {
        return Math.PI * radius * radius;
    }
    public override double GetPerimeter()
    {
        return 2 * Math.PI * radius;
    }
}

public class Rectangle:Shape
{
    int width;
    int height;
    public int Width
    {
        get{return width;}
        set{width = value;}
    }

    public int Height
    {
        get{return height;}
        set{height = value;}
    }
    public Rectangle()
    {

    }

    public Rectangle(int w,int h):base("长方形")
    {
```

```
            width = w;
            height = h;
        }
        public override double GetArea( )
        {
            return width * height;
        }
        public override double GetPerimeter( )
        {
            return 2 * ( width + height) ;
        }
    }
    public class Triangle : Shape
    {
        int a;

        public int A
        {
            get{ return a;}
            set{ a = value;}
        }
        int b;

        public int B
        {
            get{ return b;}
            set{ b = value;}
        }
        int c;

        public int C
        {
            get{ return c;}
            set{ c = value;}
        }
        public Triangle( )
        {

        }
    public Triangle( int a, int b, int c) :base( "三角形")
    {
            this. a = a;
            this. b = b;
```

```
        this.c = c;
    }

    public override double GetArea()
    {
        double len = (a + b + c)/2;
        return Math.Sqrt(len * (len - a) * (len - b) * (len - c));
    }
    public override double GetPerimeter()
    {
        return a + b + c; ;
    }
}
```

2）再增加一个 Factory 类，用于显示所有几何形状的周长和面积。

Factory. cs 文件中代码如下：

```
public class Factory
{
    public static void DisplayAllGeometry(Shape[] shapes)
    {
        foreach(Shape shape in shapes)
        {
            double area = shape.GetArea();
            double perimeter = shape.GetPerimeter();
            shape.Display(perimeter, area);
        }
    }
}
```

在 DisplayAllGeometry 方法中，参数为基类 Shape 类的数组，当遍历数组中的每个元素时，元素为哪种几何形状，就调用哪个几何形状周长面积计算方法，尤其是当再增加新的几何形状时，这段代码不需做任何变动，充分显示了多态的魔力。

3）在 Program 类的 Main 方法中声明一个 Shape 类的数组，数组中每个元素依次为一个圆、长方形和三角形，调用 Factory 类中的 DisplayAllGeometry 方法。

代码如下：

```
static void Main(string[] args)
{
    Shape[] s = new Shape[3];
    s[0] = new Circle(3);
    s[1] = new Rectangle(3, 4);
    s[2] = new Triangle(3, 4, 5);
```

```
    Factory.DisplayAllGeometry(s);
}
```

运行结果如图 4-5 所示。

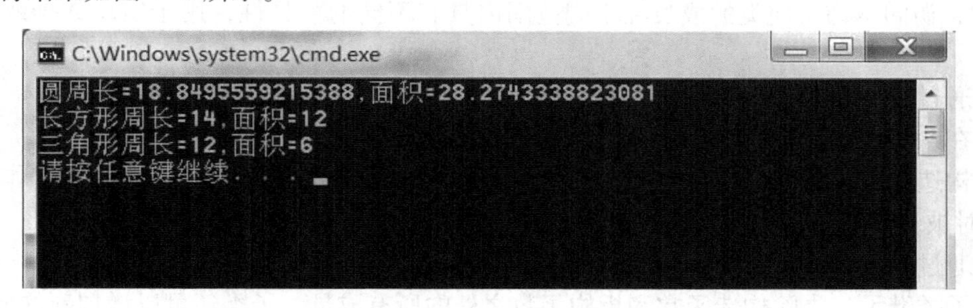

图 4-5　使用多态运行结果

4.5.3　使用抽象类

在上述代码中，Shape 类不需实例化，所以可以把 Shape 类改为抽象类，Shape 类中的计算周长和面积方法改为抽象方法。其余代码不用改动。

改动后的 Shape 类代码为：

```
public abstract class Shape
{
    string type;
    public Shape()
    {

    }
    public Shape(string type)
    {
        this.type = type;
    }
    public abstract double GetArea();
    public abstract double GetPerimeter();
    public void Display()
    {
        Console.WriteLine(type + "周长 = " + GetPerimeter() + ",面积 = " + GetArea());
    }
}
```

4.6　小结

1. 类是一组具有相同属性和行为的对象集合的抽象，对象是类的实例。
2. 面向对象编程的三大特性是封装、继承和多态。

3. 类的成员包括数据成员和函数成员，数据成员用于描述状态，函数成员用于描述操作。

4. 类成员的访问修饰符有 public、private（默认）、protected、internal 和 protected internal 五种，访问修饰符使类的成员在不同范围内具有不同的可见性，用于实现数据或代码的隐藏。

5. 通过属性设置和获取数据成员的值，其操作和字段类似，本质是一种方法。

6. 在一个类中允许存在名称相同但签名不同的方法，这种机制叫作方法重载。

7. 构造函数是特殊的函数成员，它主要用于为对象分配空间，完成初始化工作。在对象定义时被自动调用，构造函数的名字必须与类名相同，没有返回值。

8. 通过继承来表示类之间的层次关系，提高了代码的重用性。

9. 子类继承父类除构造函数和析构函数之外的所有成员，子类还可以增加新的成员。

10. 子类可隐式转换成基类，基类有条件地转换为子类。

11. 使用多态，程序在运行时就可以通过声明为基类的对象（指向子类对象）来调用子类中的方法。使用多态的前提是在父类和不同的子类中，都具有签名相同的函数成员 A。在父类中将 A 声明为虚函数，在子类中重写虚函数 A。

12. 抽象类不能实例化。抽象成员必须在抽象类中。

4.7 习题

1. 选择题

（1）在 C#程序开发过程中会大量地使用对象和类，以下关于类和对象说法正确的是（　　）。

A. 类的实例称为对象　　B. 对象可以继承　　C. 类可以归纳为对象

D. 在对象的基础上，将状态和行为实体化为类的过程称为实例化

（2）面向对象三个基本原则是（　　）。

A. 抽象、继承、派生　　B. 类、对象、方法

C. 封装、继承、多态　　D. 对象、属性、方法

（3）在 C# 编程中，访问修饰符控制程序对类中成员的访问，如果不写访问修饰符，类的默认访问类型是（　　）。

A. public　　B. private　　C. internal　　D. protected

（4）在 C#类中，使用（　　）关键字来设置只读属性。

A. get　　B. let　　C. set　　D. is

（5）在 C#语言中，下列关于属性的描述正确的是（　　）。

A. 属性系是以 public 关键字修饰的字段，以 public 关键字修饰的字段也可称为属性

B. 属性是访问字段值的一种灵活机制，属性更好地实现了数据的封装和隐藏

C. 要定义只读属性只需在属性名前加上 readonly 关键字

D. 在 C#的类中不能自定义属性

（6）分析以下 C#代码中的属性，该属性是（　　）属性。

```
private string name;
public string Name{
   get{return name;}
}
```

A. 可读可写　　B. 只写　　C. 只读　　D. 静态

(7) 在下列 C# 代码中，(　　) 是类 Teacher 的属性。

```
public class Teacher{
     int age =43;
     string name;
     private string Name{
      get{return name;}
      set{name = value;}
     }
     public void SaySomething(){//…}
}
```

A. Name　　B. name　　C. age　　D. SaySomething

(8) 构造函数何时被调用? (　　)

A. 创建对象时　　B. 类定义时

C. 使用对象的方法时　　D. 使用对象的属性时

(9) 关于构造函数的说法哪个正确? (　　)

A. 构造函数名不必和类名相同

B. 一个类可以声明多个构造函数

C. 构造函数可以有返回值

D. 编译器可以提供一个默认的带一个参数的构造函数

(10) 在 C# 语言中，方法重载的主要方式有两种，包括 (　　) 和参数类型不同的重载。

A. 参数名称不同的重载　　B. 返回类型不同的重载

C. 方法名不同的重载　　D. 参数个数不同的重载

(11) 下面几个函数中，(　　) 是重载函数。

1. void f1(int)　　2. int f1(int)　　3. int f1(int,int)　　4. float k(int)

A. 4 个全是　　B. 1 和 2

C. 2 和 3　　D. 1 和 4

(12) 在 C#中创建类的实例需要使用的关键字是 (　　)。

A. this　　B. base　　C. new　　D. as

(13) 下列关于继承的说法正确的是 (　　)。

A. 派生类可以继承多个基类的方法和属性

B. 派生类必须通过 base 关键字调用基类的构造函数

C. 继承可以继承其基类的构造函数

D. 继承是指派生类可以获取其基类特征的能力

(14) 关于继承的说法正确的是 (　　)。

A. 除了构造函数和析构函数，子类将继承父类所有的成员
B. 子类将继承父类的非私有成员
C. 子类只继承父类的 public 成员
D. 子类只继承父类的方法，而不继承属性

（15）以下说法不正确的是（　　）。
A. 派生类必须通过 base 关键字调用基类的非默认构造函数
B. 在任何情况下，基类对象都不能转换为派生类对象
C. 在 C#中要在派生类中重写基类的虚函数必须在前面加 override
D. 子类能添加新方法

（16）下列关于继承的说法错误的是（　　）。
A. 继承是可传递的，如果 C 从 B 中派生，B 又从 A 中派生，那么 C 不仅继承了 B 中声明的成员，同样也继承了 A 中声明的成员
B. 派生类应当是对基类的扩展，派生类可以添加新的成员，也可除去已经继承的成员定义
C. 类可以定义虚方法、虚属性等，它的派生类能够重写这些成员，从而实现类的多态性
D. 派生类只能从一个类中继承，但可以通过接口实现多重继承

（17）下面关于虚方法的说法错误的是（　　）。
A. 使用 virtual 关键字修饰虚方法　　B. 虚方法必须被其子类重写
C. 虚方法可以有自己的方法体　　D. 虚方法和抽象方法都可以实现多态性

（18）在某个方法中，下列语句（　　）不合法。

```
int i = 350;
object o = i;
int j = o;
```

A. 第一条　　B. 第二条　　C. 第三条　　D. 没有

（19）在定义类时，如果希望类的某个方法能够在派生类中进一步进行改进以处理不同的派生类的需要，则应将该方法声明成（　）。
A. sealed 方法　B. public 方法　C. virtual 方法　D. override 方法

（20）下列关于多态的说法正确的是（　　）。
A. 重写虚方法时可以为虚方法指定别称
B. 抽象类中不可以包含虚方法
C. 虚方法是实现多态的唯一手段
D. 多态性是指以相似的手段来处理各不相同的派生类

（21）下列关于抽象类的说法错误的是（　　）。
A. 抽象类可以实例化　　B. 抽象类可以包含抽象方法
C. 抽象类可以包含抽象属性　　D. 抽象类中可以包含普通方法

（22）关于下列 C#代码描述正确的是（　　）。

```
public abstract class Animal
{
```

```
        public abstract void Eat( );
        public void Sleep( ){ }
    }
```

A. 该段代码正确

B. 代码错误，因为类中存在非抽象方法

C. 代码错误，因为类中方法没有实现

D. 通过代码 Animal an = new Animal( );可以创建一个 Animal 对象

（23）对场景“风吹藤动铜铃动”进行合理的抽象后，以下哪些选项不可以定义为对象？(　　)

A. 风　　B. 藤　　C. 铜铃　　D. 动

2. 填空题

（1）类成员的访问修饰符有 public、protected、internal、protected internal 和 private。其中，________修饰符表示访问不受限制，可以在类内和任何类外的代码中访问。________修饰符表示可访问域限定于它所属的类内。

（2）类中声明的属性往往具有________和 set 两个访问器。

（3）已知一个类的类名为 Car，则该类的构造函数名为________。

（4）在类中定义方法时，如果加上________修饰符，该方法就是静态方法，调用静态方法的一般格式是：________。要想调用实例方法，必须首先创建类的一个实例（即对象），然后按照一般格式：________进行调用。

（5）定义抽象类和抽象方法需要用关键字________，声明静态成员需要用关键字________，声明虚方法需要用关键字________，重写虚方法或抽象方法需要用关键字________。

（6）若对类不指定访问修饰符，则类的默认访问修饰符为________，但是类成员的默认访问修饰符为________。

3. 判断题

（1）C#面向对象的程序语言特点是代码好维护、安全、隐藏信息。(　　)

（2）构造函数不可以重载。(　　)

（3）方法可以通过指定不同的参数个数和参数类型重载。(　　)

（4）在 C#中，所有类都是直接或间接地继承 System. Object 类而得来的。(　　)

（5）在 C#中，子类不能继承父类中用 private 修饰的成员变量和成员方法。(　　)

（6）当创建派生类对象时，先执行派生类的构造函数，后执行基类的构造函数。(　　)

（7）抽象成员可以出现在非抽象类中。(　　)

4. 简述类和对象的关系。

5. 类的可访问修饰符有哪几种？分别说出各自的意义。

6. 简述虚方法（virtual）和抽象方法（abstract）的区别。

7. 什么是多态？如何实现多态？简述多态的意义。

4.8 实训任务

1. 设计一个复数类 Complex，对运算符 +、 - 进行重载。在 Program 类中对类 Complex 进行测试。

2. 设计并实现一个栈类 Stack，实现入栈和出栈操作。在 Program 类中对类 Stack 进行测试。

3. 利用面向对象编程技术，编写一个计算器控制台应用程序。要求输入两个数和运算符号，显示运算结果。

任务5　面向对象编程进阶——媒体播放器

本章以“媒体播放器”为任务载体，讲解C#的接口使用和简单工厂模式。通过本章的学习，使读者：

- 掌握接口的声明、实现和多态；
- 体会接口的作用，了解设计接口的原则；
- 了解简单工厂模式；
- 初步具备面向对象分析和设计能力。

5.1　任务描述

用C#实现一个媒体播放器。该媒体播放器可以支持mp3和wav格式的音频文件以及rm和mpeg格式的视频文件。

系统主要功能：输入不同类型的文件名称显示播放该类型文件。考虑到“人性化”使用，本播放还应可以多次使用，并添加系统退出。当播放完成时，系统提示“播放完毕，是否关闭播放器?（输入y关闭，其他键继续使用）”，如果用户输入的是“Y”或“y”，则提示“播放器已关闭，谢谢使用!”并退出系统；如果用户输入的不是“Y”或“y”，则继续要求用户输入播放文件类型，进行播放。

运行结果如图5-1所示。

```
MediaPlayer播放器已经准备就绪!
请选择要播放类型: mp3 wav rm mpeg
mp3
play the mp3 file!
播放完毕，是否关闭播放器?(输入y关闭，其他键继续使用)

MediaPlayer播放器已经准备就绪!
请选择要播放类型: mp3 wav rm mpeg
wav
play the wav file!
播放完毕，是否关闭播放器?(输入y关闭，其他键继续使用)

MediaPlayer播放器已经准备就绪!
请选择要播放类型: mp3 wav rm mpeg
rm
play the rm file
播放完毕，是否关闭播放器?(输入y关闭，其他键继续使用)

MediaPlayer播放器已经准备就绪!
请选择要播放类型: mp3 wav rm mpeg
mpeg
Play the mpeg file
播放完毕，是否关闭播放器?(输入y关闭，其他键继续使用)
y
播放器已关闭，谢谢使用!
```

图5-1　运行结果

5.2 相关知识

5.2.1 接口

一台计算机上一般都有若干个统一的USB接口，由于接口的通用性，通过接口，主机系统可方便地连接任何符合接口定义的外部设备，进行功能扩充。外部设备若出现问题，也易于替换。不论是功能扩充还是维修，主机系统都不需要做任何改动。

在面向对象编程中，也有接口的概念。接口是一组行为规范，接口描述可属于任何类的一组相关行为，可以看成是实现一组类的模板。接口最适合为不相关的类提供通用功能，着重于描述CAN－DO关系类型。

1. 接口的声明

接口是一种仅包含函数成员的数据结构，是一种引用类型。C#使用interface关键字来声明接口，语法形式如下：

```
[接口修饰符]interface 接口名[:基接口列表]
{
        接口体
}
```

说明：

- 接口修饰符是可选的，只能使用public或internal，其中，internal是默认的，和类访问修饰符含义相同。
- 接口名是一种标识符，命名原则如下：
  - 用名词或名词短语，或者描述行为的形容词命名接口；
  - 使用Pascal大小写；
  - 给接口名称前加上字母I前缀；
  - 不要使用下画线；
  - 少用缩写。
- 基接口列表是可选的，说明接口也可以从零个或多个接口继承。
- 接口体中是接口成员的声明。

由于接口是一组行为规范，所以接口中只包含方法、属性、事件或索引器的声明，而不提供成员的实现。

接口中不能包含常量、字段、运算符、实例构造函数、析构函数或类型，也不能包含静态成员。

接口成员都是public类型，但是不能使用public修饰符。实际上，接口成员声明不能包含除new之外的其他任何修饰符。

例如，下面声明一个接口，含属性和方法。

```
public interface IEating
{
```

```
    string Name
    {
        get;
        set;
    }
    void Eat();
}
```

从代码中可以看出，接口中仅是函数成员的声明。

【例 5-1】声明一个可飞的接口。

新建一个接口文件，代码如下：

```
public interface IFlyable
{
    void Fly();
}
```

2. 接口的实现和继承

接口中仅是函数成员的声明，函数成员在哪里实现呢？在继承接口的类中。在类中继承接口叫作对接口的实现。注意，实现接口的类负责提供接口声明的所有成员的实现。

【例 5-2】声明一个天鹅类，实现可飞接口。

代码如下：

```
public class Swan : IFlyable
{
    string life;
    public void Fly()
    {
        Console.WriteLine("Swan 在空中飞翔");
    }
}
```

需要注意的是实现接口的函数成员的访问修饰符一定为 public。

在 C#中，一个类虽然只能继承一个直接基类，但是可以继承多个接口，C#通过接口间接实现了多重继承。一个类可以同时继承基类和多个接口，但在基类列表中基类应列在首位。

【例 5-3】重新声明天鹅类，同时继承鸟类和多个接口。

代码如下：

```
public interface IFlyable
{
    void Fly();
}
public interface ISwimming
{
```

```
        void Swim( );
    }
    public class Bird
    {
        string type;
    }
    public class Swan : Bird,IFlyable, ISwimming
    {
        string life;
        public void Fly( )
        {
            Console.WriteLine("Swan 在空中飞翔");
        }
        public void Swim( )
        {
            Console.WriteLine("Swan 在水里游泳");
        }
    }
```

3. 接口多态

接口不能实例化，但可以通过接口引用指向一个实现类的对象。比如：

```
IFlyable fly = new Swan( );
```

正因为可以这样使用，所以利用接口也能实现多态。

用一个具体的例子来介绍一下接口如何实现多态。

【例5-4】 分别声明四个类：天鹅、飞机、风筝和气球，都实现可飞接口。在Main方法中调用这四个类的飞方法。

具体实现步骤：

1）可飞接口和天鹅类代码同【例5-3】所示。

2）声明飞机、风筝和气球类的代码如下：

```
public class Plane : IFlyable
{
    public void Fly( )
    {
        Console.WriteLine("plane 在天上飞行");
    }
}
public class Kite : IFlyable
{
    public void Fly( )
    {
        Console.WriteLine("kite 在空中飘荡");
```

```
    }
}
public class Balloon : IFlyable
{
    public void Fly()
    {
        Console.WriteLine("balloon升上天空");
    }
}
```

3）在 Program 类的 Main 方法中，写如下代码：

```
static void Main(string[] args)
{
    IFlyable[] flys = new IFlyable[4];
    flys[0] = new Swan();
    flys[1] = new Plane();
    flys[2] = new Kite();
    flys[3] = new Balloon();
    foreach(IFlyable fly in flys)
    {
        fly.Fly();
    }
}
```

flys 声明为 IFlyable 类型接口数组，每个元素指向不同的实现类，当调用 Fly 方法时，通过动态绑定，执行指向类的方法，这就利用接口实现了多态。

执行结果如图 5-2 所示。

图 5-2　接口多态运行结果

4. 接口的作用

与接口相关的语法到此都介绍了，但接口到底有什么作用？什么情况下需要声明接口呢？举一个通俗易懂的例子。

假设在一个项目中，有企鹅、天鹅和超人等。企鹅和天鹅都属于鸟类，天鹅和超人不属于同一类，但是都会飞。这如何设计呢？可设计一个基类鸟，企鹅和天鹅类都继承自鸟类。由于有的鸟会飞，有的鸟不会飞，比如企鹅，这样在设计鸟这个基类时，就不能包含飞行这个方法。那么怎么描述会飞的鸟呢？一种方法是单独在每个会飞的子类中都增加这个方法。

不过这样设计不利于程序的扩展，也无法实现多态。更好的做法是再声明一个飞行的接口。会飞的鸟类除了继承鸟类，同时也实现飞行这个接口。超人除了继承人类外，由于超人也会飞，所以也实现飞行这个接口。

从上面简单的例子，可以看出接口适用于为不相关的类提供通用功能，它是对行为的抽象。

在面向对象设计原则中，有两个是和接口相关的。

1）依赖倒转原则。简单来说，依赖倒转原则就是指代码要依赖于抽象的类，而不要依赖于具体的类；要针对接口或抽象类编程，而不是针对具体类编程。

2）接口隔离原则。接口隔离原则是指使用多个专门的接口，而不使用单一的总接口。每一个接口应该承担一种相对独立的角色，不该干的事不干，该干的事都要干。

这些原则需要在实践中慢慢体会。

5.2.2 简单工厂模式

1. 简单工厂模式的概念

简单工厂模式（Simple Factory Pattern）属于类的创新型模式，又叫作静态工厂方法模式（Static Factory Method Pattern），是通过专门定义一个类来负责创建其他类的实例，被创建的实例通常都具有共同的父类。

简单工厂模式的 UML 类图如图 5-3 所示。

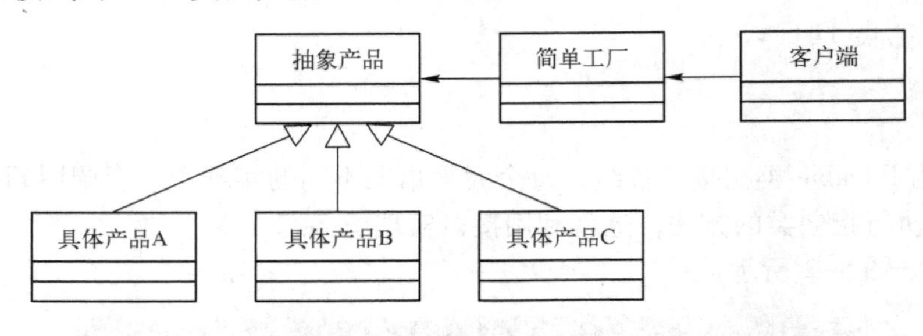

图 5-3　简单工厂模式的 UML 类图

简单工厂模式中包含的角色及其相应的职责如下。

- 工厂角色（Creator）：这是简单工厂模式的核心，由它负责创建所有的类的内部逻辑。工厂类的创建产品类的方法可以被外界直接调用。
- 抽象（Product）产品角色：简单工厂模式所创建的所有对象的父类。注意，这里的父类可以是接口也可以是抽象类，它负责描述所有实例共有的公共接口。
- 具体产品（Concrete Product）角色：简单工厂所创建的具体实例对象，这些具体的产品往往都拥有共同的父类。

2. 简单工厂模式的应用

我们以 4.8 节中第 3 小题“利用面向对象编程技术，编写一个计算器控制台应用程序。要求输入两个数和运算符号，显示结果。”为例，通过代码不断地改进，体会简单工厂模式的应用。

如果没有面向对象编程思想，第一次写的代码应是这样的：

```
class Program
{
    static void Main(string[] args)
    {
        Console.Write("请输入第一个运算数:");
        string input1 = Console.ReadLine();
        double num1 = GetNum(input1);
        Console.Write("请选择运算符(+,-,*,/):");
        string inputoperator = Console.ReadLine();
        string stroperator = GetOperator(inputoperator);
        Console.Write("请输入第二个运算数:");
        string input2 = Console.ReadLine();
        double num2 = GetNum(input2);

        double result = 0.0;
        bool isCorrect = true;
        switch(stroperator)
        {
            case "+": result = num1 + num2; break;
            case "-": result = num1 - num2; break;
            case "*": result = num1 * num2; break;
            case "/":
                {
                    if(num2 != 0)
                    {
                        result = num1/num2;
                    }
                    else
                    {
                        isCorrect = false;
                    }

                    break;
                }
        }
        if(isCorrect)
        {
            Console.WriteLine("结果为:{0}{1}{2} = {3}", num1, stroperator, num2, result);
        }
        else
        {
            Console.WriteLine("除数不能为0");
        }
```

```
    }

    static private double GetNum(string input)
    {
        double num;
        while(true)
        {
            if(double.TryParse(input,out num))
            {
                return num;
            }
            else
            {
                Console.Write("请重新输入数字:");
                input = Console.ReadLine();
            }
        }
    }
    static private string GetOperator(string input)
    {
        while(true)
        {
            if(input.Equals("+") || input.Equals("-") || input.Equals("*") || input.Equals
("/"))
            {
                return input;
            }
            else
            {
                Console.Write("运算符不正确,请重新输入:");
                input = Console.ReadLine();
            }
        }

    }
}
```

其中，GetNum 和 GetOperator 方法分别为得到正确的运算数和运算符。

这样的代码能够满足当前的需求，但是如果要改成 Windows 应用程序的计算器或 Web 版的计算器，上述代码不能够复用。

第二次修改代码，使其能够实现计算和显示分离。

新建一个运算类 Operation，用于计算。代码如下：

```
public class Operation
```

```
    }
        public static bool GetResult(double num1,double num2,string stroperator,out double result)
        {
            result =0;
            bool isCorrect = true; ;
            switch(stroperator)
            {
                case " + ": result = num1 + num2; break;
                case " - ": result = num1 - num2; break;
                case " * ": result = num1 * num2; break;
                case "/":
                    {
                        if(num2 != 0)
                        {
                            result = num1/num2;
                        }
                        else
                        {
                            isCorrect = false;
                        }
                        break;
                    }
            }
            returnisCorrect;
        }
    }
```

客户端代码如下：

```
    class Program
    {
        static void Main(string[] args)
        {
            Console.Write("请输入第一个运算数:");
            string input1 = Console.ReadLine();
            double num1 = GetNum(input1);
            Console.Write("请选择运算符(+,-,*,/):");
            string inputoperator = Console.ReadLine();
            string stroperator = GetOperator(inputoperator);
            Console.Write("请输入第二个运算数:");
            string input2 = Console.ReadLine();
            double num2 = GetNum(input2);
            double result;
            if(Operation.GetResult(num1, num2, stroperator,out result))
```

```
            {
                Console.WriteLine("结果为:{0}{1}{2} = {3}", num1, stroperator, num2, result);
            }
            else
            {
                Console.WriteLine("除数不能为0");
            }
        }
    }
```

这样，业务和界面完全分离，若改成 Web 或移动应用程序，Operation 类仍然可以复用。但是若要增加其他运算，Operation 类势必修改，原先做好的加减乘除运算都需要参与重新编译，所以程序的可扩展和可维护性都较差，不符合高质量代码的要求。

利用继承和多态，第三次修改代码。

改造 Operation 类为抽象类，类内有两个 Number 属性，一个抽象方法 GetResult，此抽象方法用于得到结果。把加减乘除运算都作为 Operation 类的子类。代码如下：

```
public abstract class Operation
{
    double num1;

    public double Num1
    {
        get{ return num1;}
        set{ num1 = value;}
    }
    double num2;

    public double Num2
    {
        get{ return num2;}
        set{ num2 = value;}
    }
    public abstract double GetResult();

}

public class Add:Operation
{
    public override double GetResult()
    {
        return Num1 + Num2;
    }
```

```
}
public class Subtract : Operation
{
    public override double GetResult( )
    {
        return Num1 - Num2;
    }
}
public class Multiply : Operation
{
    public override double GetResult( )
    {
        return Num1 * Num2;
    }
}
public class Divide : Operation
{
    public override double GetResult( )
    {
        if(Num2 ==0)
        {
            throw new Exception("除数不能为0");
        }
        return Num1/Num2;
    }
}
```

如何实例化各个子类呢？套用简单工厂模式，运算类相当于抽象产品，加减乘除类相当于具体产品，新增一个工厂类，负责创建实例。简单运算工厂类代码如下：

```
public class OperationFactory
{
    public static OperationGetInstance( string inputoperator)
    {
        Operation operation = null;
        switch( inputoperator)
        {
            case " + ": operation = new Add( ); break;
            case " - ": operation = new Subtract( ); break;
            case " * ": operation = new Multiply( ); break;
            case "/": operation = new Divide( ); break;
        }
        return operation;
    }
```

```
    }
```

客户端代码为：

```
    class Program
    {
        static void Main(string[] args)
        {
            Console.Write("请输入第一个运算数:");
            string input1 = Console.ReadLine();
            double num1 = GetNum(input1);
            Console.Write("请选择运算符(+,-,*,/):");
            string inputoperator = Console.ReadLine();
            string stroperator = GetOperator(inputoperator);
            Console.Write("请输入第二个运算数:");
            string input2 = Console.ReadLine();
            double num2 = GetNum(input2);

            Operation operation = OperationFactory.GetInstance(stroperator);
            operation.Num1 = num1;
            operation.Num2 = num2;
            try
            {
                double result = operation.GetResult();
                Console.WriteLine("结果为:{0}{1}{2} = {3}", num1, stroperator, num2, result);
            }
            catch(Exception ex)
            {
                Console.WriteLine(ex.Message);
            }
        }
    }
```

此时若再增加运算，只需增加相应的运算子类和修改运算工厂类（在 switch 中增加分支）即可。原有的运算子类不需要做任何变动。程序具备灵活的可修改和可扩展性。

5.3 任务实现

1. 设计思路

如果按照面向过程的思路编写，接下来肯定为应接不暇的需求变更而焦头烂额。代码应该为未来的需求变更提供最起码的扩展，所以还是按照面向对象编程（OOP）思路来设计代码。

根据 OOP 的思想，应该把 mp3 和 wav 看作是一个独立的对象。既然 mp3 和 wav 都属于音频文件，它们都具有音频文件的共性，所以为它们建立一个共同的父类 AudioMedia 类。

其实在现实生活中，播放的只会是某种具体类型的音频文件，因此这个 AudioMedia 类并没有实际使用的情况。对应在设计中，就是：这个类永远不会被实例化。所以，将其改为抽象类。这样设计满足了类之间的层次关系，同时又保证了类的最小化原则，更利于扩展。即使现在又增加了对 WMA 文件的播放，只需要设计 WMA 类，并继承 AudioMedia，重写 Play 方法就可以了。

视频文件设计类似，即设计一个抽象类 VideoMedia 和两个子类 RM 和 MPEG。

虽然视频和音频格式不同，但是它们都是媒体文件，很多时候，它们有许多相似的功能，比如播放。根据接口的定义，完全可以将相同功能的一系列对象实现同一个接口（IMedia）。

通过工厂类，实现调用不同的文件播放。

所以，最终的类关系图如图 5-4 所示。

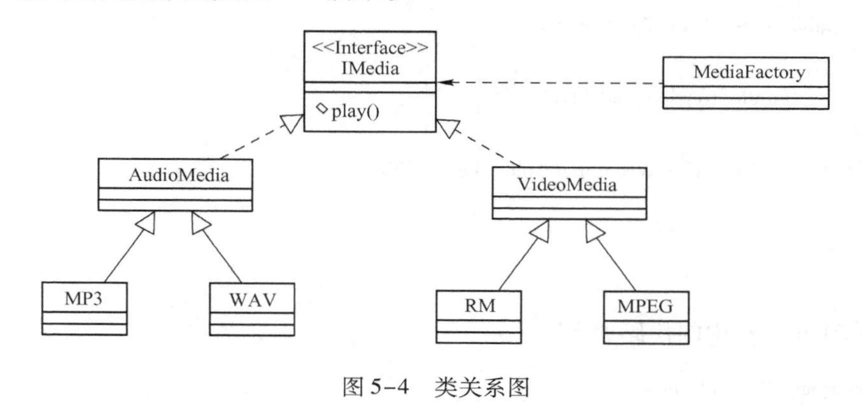

图 5-4　类关系图

2. 编写代码

具体实现步骤如下。

1）创建一个控制台应用程序，不妨命名为 MediaPlayer。

2）在项目中添加一个接口文件 IMedia. cs，文件内声明一个接口 IMedia，代码如下：

```
namespace MediaPlayer
{
    public interface IMedia
    {
        void Play( );
    }
}
```

3）在项目中添加两个类文件，分别命名为 AudioMedia. cs 和 VideoMedio. cs。在 AudioMedia. cs 文件中声明抽象类 AudioMedia 类和两个子类：MP3 和 WAV 类。同样，在 VideoMedio. cs 文件中声明抽象类 VideoMedia 类和两个子类：RM 和 MPEG 类。

在 AudioMedia. cs 中的代码如下：

```
namespace MediaPlayer
{    public abstract class AudioMedia:IMedia
```

```
    {
        public abstract void Play();
    }

    public class MP3:AudioMedia
    {
        public override void Play()
        {
            Console.WriteLine("play the mp3 file!");
        }
    }

    public class WAV:AudioMedia
    {
        public override void Play()
        {
            Console.WriteLine("play the wav file!");
        }
    }
}
```

在 VideoMedio. cs 中的代码如下：

```
namespace MediaPlayer
{
    public abstract class VideoMedia:IMedia
    {
        public abstract void Play();
    }

    public class RM :VideoMedia
    {
        public override void Play()
        {
            Console.WriteLine("play the rm file!");
        }
    }

    public class MPEG :VideoMedia
    {
        public override void Play()
        {
            Console.WriteLine("play the mpeg file!");
        }
```

```
        }
    }
```

4）在项目中添加一个类文件，命名为 MediaFactory. cs，文件内声明一个工厂类 MediaFactory，类中定义两个静态方法：第一个方法名为 GetInstance，根据用户的选择生成不同的对象；第二个方法调用 Play 方法实现多态。代码如下：

```
    public static class MediaFactory
    {
        public IMedia GetInstance( string flag)
        {
            IMedia media = null;
            switch( flag)
            {
                case "mp3" : media = new MP3( ) ; break;
                case "wav" : media = new WAV( ) ; break;
                case "rm" : media = new RM( ) ; break;
                case "mpeg" : media = new MPEG( ) ; break;
            }
            return media;
        }
        public static void PlayFile( IMedia media)
        {
            media. Play( ) ;
        }
    }
```

5）在 Program. cs 中实现界面处理等基本功能，代码如下：

```
    class Program
    {
        static void Main( string[ ] args)
        {
            string closeFlag;
            do
            {
                Console. WriteLine( "MediaPlayer 播放器已经准备就绪!") ;
                Console. WriteLine( "请选择要播放类型:mp3 wav rm mpeg") ;
                string input = Console. ReadLine( ) ;
                string fileType = GetFileType( input) ;
                IMedia media = MediaFactory. GetInstance( fileType) ;
                MediaFactory. PlayFile( media) ;
                Console. WriteLine( "播放完毕,是否关闭播放器? (输入 y 关闭,输入其他继续)") ;
                closeFlag = Console. ReadLine( ) ;
```

```
        } while(! string.Equals(closeFlag,"y"));
        Console.WriteLine("播放器已关闭,谢谢使用!");
    }
    #region 确保用户输入有效的文件类型
    static private string GetFileType(string code)
    {
        while(true)
        {
            if(string.Equals(code, "mp3") || string.Equals(code, "wav") || string.Equals(code,
"rm") || string.Equals(code, "mpeg"))
            {
                return code;
            }
            else
            {
                Console.Write("您输入的不是有效文件类型,请重新输入:");
                code = Console.ReadLine();
            }
        }
    }
    #endregion
}
```

5.4 小结

1. 接口是一种仅包含函数成员声明的数据结构，最适合为不相关的类提供通用功能。
2. C#通过接口间接实现了多重继承。
3. 简单工厂模式的核心思想是通过专门定义一个类来负责创建其他类的实例。

5.5 习题

1. 选择题

（1）下列关于接口的说法正确的是（　　）。

A. 接口可以被类继承，本身也可以继承其他接口

B. 定义一个接口，接口名必须使用大写字母 I 开头

C. 接口像类一样，可以定义并实现方法

D. 类可以继承多个接口，接口只能继承一个接口

（2）以下说法正确的是（　　）。

A. 接口可以实例化　　B. 类只能实现一个接口

C. 接口的成员都必须是未实现的　　D. 接口的成员前面可以加访问修饰符

（3）在定义接口时，不能包含（　　）。

A. 字段　　　B. 属性　　　C. 方法　　　D. 事件

（4）在 C#中定义接口时，使用的关键字是（　　）。

A. interface　　　B. :　　　C. class　　　D. override

（5）以下关于接口的说法，不正确的是（　　）。

A. 接口不能实例化

B. 接口中声明的所有成员隐式地为 public 和 abstract

C. 接口默认的访问修饰符是 private

D. 继承接口的任何非抽象类型都必须实现接口的所有成员

2. 判断题

（1）接口和抽象类是同一回事。（　）

（2）抽象类和接口都不能有任何实现。（　）

（3）实现接口的类负责提供接口声明的所有成员的实现。（　）

（4）接口中成员必须定义为 public。（　）

（5）C#的类不支持多重继承，但可以用接口来实现。（　）

3. 简述抽象类和接口的区别。

5.6 实训任务

1. 声明并实现一个开关接口。

（1）声明一个具有开和关两个方法的开关接口。

（2）定义两个类实现上述开关接口，其中一个顺时针表示开，逆时针表示关；另一个类向上为开，向下为关（模拟表示即可）。

2. IComparable 接口定义一种特定于类型的通用比较方法，接口声明如下：

```
public interface IComparable
    {
        int CompareTo(object obj);
}
```

其中，CompareTo 方法用于将当前实例与同一类型的另一个对象进行比较，并返回一个整数，小于零表示此实例小于 obj，等于零表示此实例等于 obj，大于零表示此实例大于 obj。

根据 IComparable 接口声明，重新定义 Circle 和 Rectangle 子类，使之可以进行大小比较（比较的依据自行决定）。

第 3 篇　数据库窗体编程

任务 6　Windows 窗体编程——学生信息管理

本章以“学生信息管理系统”为项目载体，讲解 C#的窗体编程。通过本章的学习，使读者：

- 掌握窗体应用程序开发的一般步骤；
- 掌握界面可视化设计；
- 掌握窗体和常用控件的常用属性、事件和方法；
- 掌握 C#控件命名规范；
- 学会数据有效性验证；
- 掌握 MessageBox 类的使用；
- 学会创建 MDI 窗体。

6.1　任务描述

创建多文档应用程序，主要实现两个功能。

1）填写并显示学生基本信息。学生信息包括学号、姓名、性别、出生年月、所属班级和籍贯。要求：学号、姓名、所属班级不能为空；若出生年月有输入，则必须为日期型。单击“显示收集的信息”按钮后，弹出消息框显示所填信息。

2）填写并显示课程基本信息。课程基本信息包括课程号、课程名称、学时、学分和课程类型。要求：课程号和课程名称不能为空，学时和学分若不为空，必须为整数。课程类型只有必修课和选修课两种选择。单击“显示收集的信息”按钮后，弹出消息框显示所填信息。

参考界面如图 6-1 ~ 图 6-3 所示，其中，图 6-1 为父窗体，图 6-2 为学生基本信息提交窗体，图 6-3 为课程基本信息提交窗体。

学生信息管理系统
学生基本信息提交　课程基本信息提交

图 6-1　父窗体

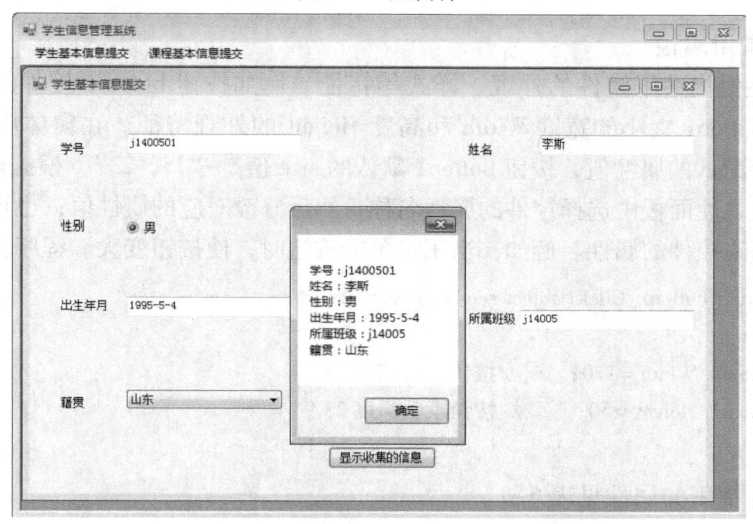

图 6-2　学生基本信息提交窗体

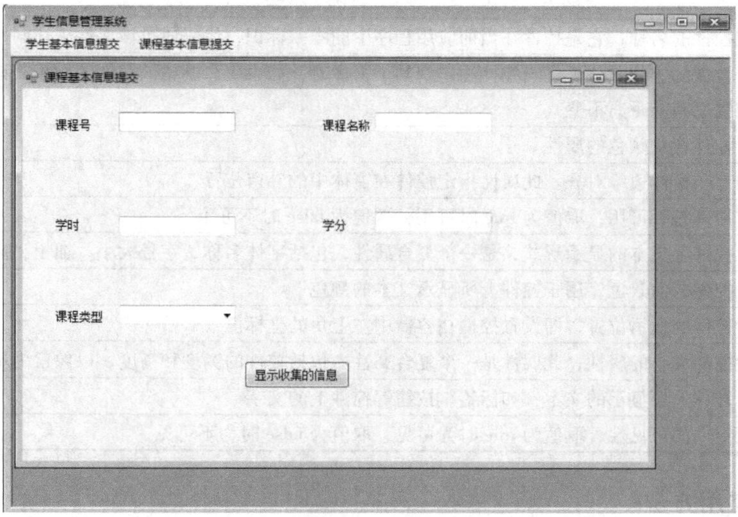

学生信息管理系统
学生基本信息提交　课程基本信息提交
课程基本信息提交
课程号　课程名称
学时　学分
课程类型
显示收集的信息

图 6-3　课程基本信息提交窗体

6.2 相关知识

6.2.1 Windows 窗体编程概述

窗体程序为用户提供与程序进行交互的图形化用户界面，更好地满足程序交互性的要求。Windows 应用程序的用户界面由窗体和按钮等其他控件构成，窗体和控件都有自己的属性、方法、事件。通过属性设置，可以初始化窗体或控件的外观和形式，也可以在程序运行过程中改变其外观和形式；通过调用相应方法，可以实现指定的动作和行为；通过编写事件代码，可以响应用户的操作。对于窗体和大部分控件来说，有一些属性、方法和事件是相同的。

1. 控件的常用属性

控件的属性值描述了控件的外观、样式等特征，例如按钮 button1 控件的 size 属性，描述了决定按钮 button1 大小的宽度 Width 和高度 Height 的外观特征。在窗体中添加了控件之后，控件就带着默认的属性值，按钮 button1 默认的 size 值是“75，23”，根据程序的需要，程序员可以在控件属性面板中选择控件的属性名称，然后修改对应的属性值；也可以通过编写程序代码的方式修改控件的属性。例如，当用户单击按钮时，使按钮变大。程序代码片段如下：

```
private void button1_Click( object sender,EventArgs e)
{
    button1. Width = 120;      //按钮默认宽度 75
    button1. Height = 50;      //按钮默认高度 23
}
```

窗体和控件常用的属性见表 6-1。

表 6-1　控件的常用属性

属　　性	说　　明
Name	指定控件的名称，它是控件在当前应用程序中的唯一标识，代码通过该属性来访问控件
Anchor	定义控件的定位点位置。当控件锚定到某个窗体时，如果用户调整该窗体的大小，该控件将维持它与定位点位置之间的距离不变
BackColor	设置控件背景颜色的属性
Dock	使控件与窗体边缘对齐。此属性指定控件在窗体中的驻留位置
Enabled	决定控件是否可用，取值为 true 时可用，取值为 false 时不可用
Font	设置控件上文本的显示形式，是一个复合属性，包括字体名称、字号大小，加粗、倾斜、下画线等
ForeColor	设置控件的前景色，用于控件上所显示文本的颜色
Location	设置控件的显示位置，即设置控件在容器中左上角的坐标值（x,y）
Size	设置控件大小的属性，此属性是一个复合属性，包括控件的宽度和高度，以像素为单位
Text	设置控件上要显示的文本，如标签、按钮等控件上的文字
Visib	设置控件的可见性，取值为 true 时为可见，取值为 false 时为不可见

2. 控件的常用方法

控件的属性是用来设置、描述控件特征的，控件通过调用方法来完成某个动作或者功能，每个控件都有很多方法。方法是通过调用来执行的。使用方法的一般语法如下：

```
控件名.方法名();
```

例如，按钮 button1，调用它的 Hide()方法来实现按钮隐藏。

```
button1.Hide();
```

窗体和控件常用的方法见表 6-2。

表 6-2　控件的常用方法

方　　法	说　　明
Focus	是为控件设置焦点。如果焦点设置成功，值为 true，否则为 false
Hide	该方法的作用是把控件隐藏出来
Refresh	该方法的作用是刷新并重画控件
Show	该方法的作用是让控件显示出来

3. 控件的常用事件

Windows 窗体应用程序是事件驱动程序，就是说程序执行的任何动作都是事件，而我们编写的执行动作的代码都要完成在事件里。事件的执行不是按照代码文件中语句排列的顺序依次执行，而是要靠用户来触发，例如用户单击鼠标、移动鼠标、拖拽窗体等。

窗体和控件的常用事件见表 6-3。

表 6-3　控件的常用事件

鼠标事件	说　　明
Click	单击鼠标左键时触发
MouseDoubleClick	双击鼠标左键时触发
MouseEnter	鼠标进入控件可见区域时触发
MouseMove	鼠标在控件区域内移动时触发
MouseLeave	鼠标离开控件可见区域时触发
键盘事件	**说　　明**
KeyDown	按下键盘上某个键时触发
KeyUp	释放键盘上的按键时触发
KeyPress	在 KeyDown 之后 KeyUp 之前触发，非字符键不会触发该事件

6.2.2　窗体和常用控件的使用

1. 窗体

在创建项目时，系统自动添加了窗体 Form1，窗体是 Windows 应用程序的设计基础，是用户界面设计的容器，用于装载其他控件，其他控件添加到窗体后，对其进行排列和定位。控件和窗体共同构成了应用程序的用户界面。

（1）添加窗体

根据项目需要，如果需要创建更多窗体，可以在“解决方案资源管理器”中，在项目名称上单击鼠标右键，在弹出的快捷菜单中单击“添加”命令，在下一级子菜单中选择“Windows 窗体”，完成新窗体的创建，如图 6-4 所示，该窗体的默认名称为 Form2。

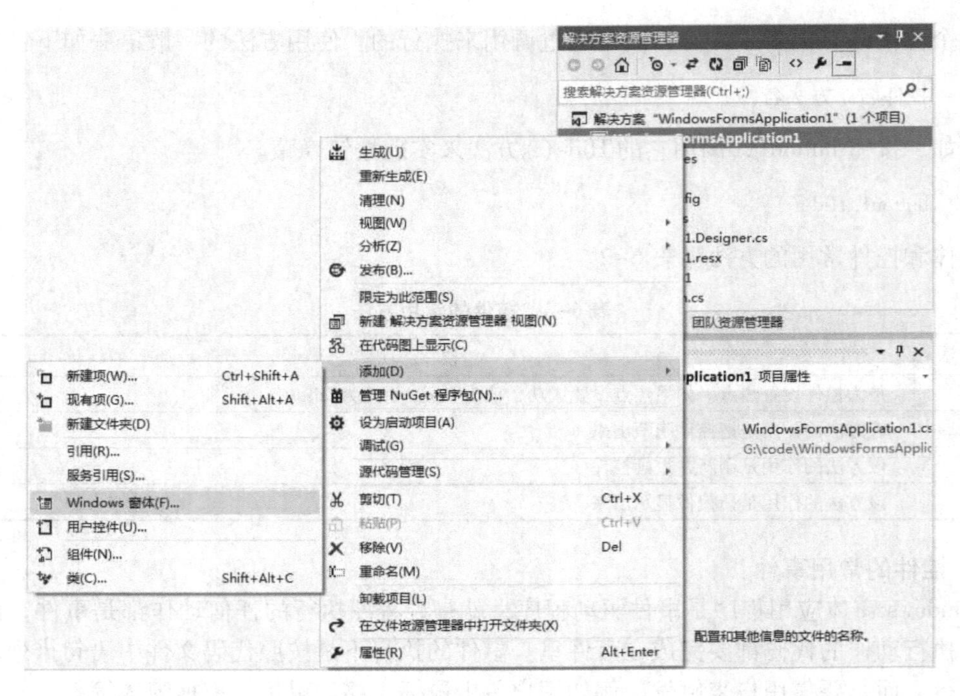

图 6-4 添加 Windows 窗体

（2）设置启动窗体

可以继续向项目中添加新的窗体。如果项目中有多个窗体，则需要设置启动窗体，即程序运行时首先启动的窗体。在默认情况下，创建项目时系统自动创建的窗体为启动窗体。一般设置方法如下。

在 Program. cs 文件中，将 Main( )方法中的 Application. Run(new Form1( )); 修改为 Application. Run(new 需要设置为启动窗体的窗体名称( )); 。

例如，项目中有两个窗体 Form1 和 Form2，其中 Form1 是系统自动创建的，Form2 是用户添加的，现需要将 Form2 设置为启动窗体的方法如图 6-5 所示。

```
static void Main()
{
    Application.EnableVisualStyles();
    Application.SetCompatibleTextRenderingDefault(false);
    Application.Run(new Form2());
}
```

图 6-5 设置启动窗体

（3）窗体的常用方法和事件

程序设计中，窗体的常用方法和事件见表 6-4。

表 6-4 窗体常用的方法及事件

方法	说明
Show( )	显示窗体
Close( )	关闭窗体
Hide( )	隐藏窗体

（续）

事　件	说　明
Load	加载窗体时发生，常常将一些初始化的工作放在该事件的代码中，在窗体显示之前完成初始化
Close	关闭窗体时发生，常常将释放资源等工作放在该事件代码中，在关闭该窗体时，完成资源释放
Resize	改变窗体大小时使用方式

2. Label（标签）控件

标签控件 Label 用于向用户显示文本信息，运行时不能被用户编辑，只能在设计阶段通过属性面板设计或者通过程序代码改变。

标签的主要属性见表 6-5。

表 6-5　标签的主要属性

属　性	说　明
Text	用来设置或返回标签控件中显示的文本信息
AutoSize	用来获取或设置一个值，该值决定是否自动调整控件的大小以完整显示其内容
BorderStyle	用来设置或返回边框样式
TabIndex	用来设置或返回对象的〈Tab〉键顺序

3. TextBox（文本框）控件

文本框控件 TextBox 用于获取用户的输入和显示文本，包括多行编辑和密码输入屏蔽等。

文本框的主要属性、方法和事件见表 6-6。

表 6-6　文本框的主要属性、方法和事件

属　性	说　明
Text	Text 属性是文本框最重要的属性，要显示的文本就包含在 Text 属性中。可以在属性面板设置，可以由用户输入来设置，也可以在运行时通过读取 Text 属性来获得文本框的当前内容
MaxLength	用来设置文本框允许输入字符的最大长度，该属性值为 0 时，不限制输入的字符数
MultiLine	用来设置文本框中的文本是否可以输入多行并以多行显示
ReadOnly	用来获取或设置文本框中的文本是否为只读
PasswordChar	是一个字符串类型，允许设置一个字符，运行程序时，将输入到 Text 的内容全部显示为该属性值，从而起到保密作用，通常用来输入口令或密码
ScrollBars	用来设置文本框中滚动条模式
SelectionLength	用来获取或设置文本框中选定的字符数
SelectionStart	用来获取或设置文本框中选定的文本起始点
SelectedText	用来获取或设置文本框中当前选定的文本
TextLength	用来获取控件中文本的长度
WordWrap	用来指示多行文本框中字符超过一行宽度时，是否要自动换行
方　法	**说　明**
AppendText	把一个字符串添加到文件框中文本的后面
Clear	清空文本框控件中所有文本内容，该方法无参数
Select	用于在文本框中设置选定文本。语法：文本框对象 . Select(start, length)
SelectAll	用于选定文本框中的所有文本

（续）

事　件	说　明
GotFocus	该事件在文本框获取焦点时触发
LostFocus	该事件在文本框失去焦点时触发
TextChanged	该事件在 Text 属性值发生改变时触发

【例 6-1】 编写一个窗体程序，模仿软件登录界面，单击“登录”按钮时，如果账号为“admin”，密码为“123”，则登录成功，用消息框输出登录信息；单击“取消”按钮，则退出程序。程序运行效果图，如图 6-6 所示。

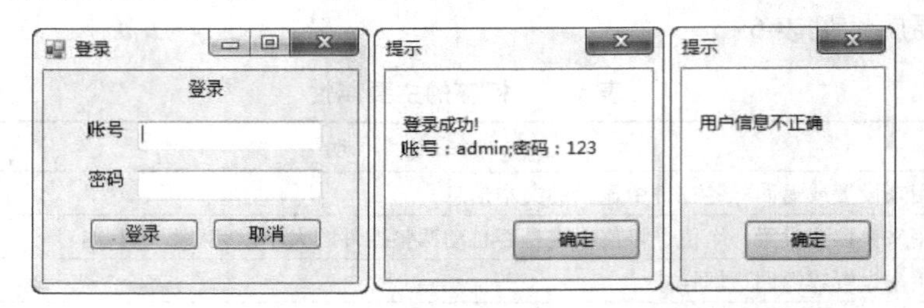

图 6-6　【例 6-1】程序运行效果图

程序源代码如下：

```
private void button1_Click(object sender,EventArgs e)
{//登录按钮
    string name = textBox1. Text;
    string key = textBox2. Text;
    if(name == "admin"&&key == "123")
    {
        MessageBox. Show("登录成功!\n" + "账号:" + name + ";密码:" + key,"提示");
    }
    else
    {
        MessageBox. Show("用户信息不正确", "提示");
        textBox1. Clear();
        textBox2. Clear();
        textBox1. Focus();
    }
}

private void button2_Click(object sender,EventArgs e)
{//取消按钮
    Application. Exit();
}
```

在例题中，使用了标签框、文本框、按钮和消息对话框等控件，并应用了文本框的

Clear( )清空方法，将账号、密码输入框清空；应用了 Focus( )获得焦点方法，将光标定位在账号输入框 textBox2 中；应用了 Exit( )方法，结束程序。

4. RichTextBox 控件

RichTextBox 是一种既可以输入文本，又可以编辑文本的文字处理控件，RichTextBox 除了可以执行 TextBox 控件所有功能之外，文字处理功能更加丰富，它不但可以显示文本颜色、字体，还具有字符串检索功能。另外，RichTextBox 控件还可以打开、编辑和存储 .rtf 格式文件、ASCII 文本格式文件及 Unicode 编码格式的文件，与 Word 应用程序类似，还可以显示滚动条。

RichTextBox 控件的主要属性和方法见表 6-7。

表 6-7 RichTextBox 控件的主要属性和方法

属　　性	说　　明
SelectionColor	用于获取或设置当前选定文本或插入点处的文本颜色
SelectionFont	用于获取或设置当前选定文本或插入点处的字体
方　　法	说　　明
Redo	用于重做上次被撤销的操作
Find	用于从 RichTextBox 控件中查找指定的字符串
SaveFile	用于把 RichTextBox 中的信息保存到指定的文件中
LoadFile	用于将文本文件、RTF 文件载入 RichTextBox 控件

5. GroupBox（分组框）控件

分组框控件常用于为其他控件提供可识别的分组。自身基本没有可操作性。分组框的最常用的属性是 Text，一般用来给出分组提示。向 GroupBox 控件中添加控件的方法有两种，一是直接在分组框中绘制控件，二是把某个已存在的控件复制到剪贴板上，然后选中分组框，再执行粘贴操作即可。位于分组框中的所有控件随着分组框的移动而一起移动，随着分组框的删除而全部删除，分组框的 Visible 属性和 Enabled 属性也会影响到分组框中的所有控件。

6. RadioButton（单选按钮）控件

单选按钮，通常成组出现，用于提供两个或多个互斥选项，即在一组单选钮中只能选择一个选项。

单选按钮控件的主要属性和事件见表 6-8。

表 6-8 单选按钮控件的主要属性和事件

属　　性	说　　明
Checked	用于设置或返回单选按钮是否被选中，选中时值为 true，没有选中时值为 false
Appearance	用来获取或设置单选按钮控件的外观样式
事　　件	说　　明
CheckedChanged	当 Checked 属性值更改时，将触发 CheckedChanged 事件

【例 6-2】 编写一个窗体程序，根据用户选择的圆形、正方形或者长方形，计算相应几何图形的周长和面积。程序运行效果图，如图 6-7 所示。

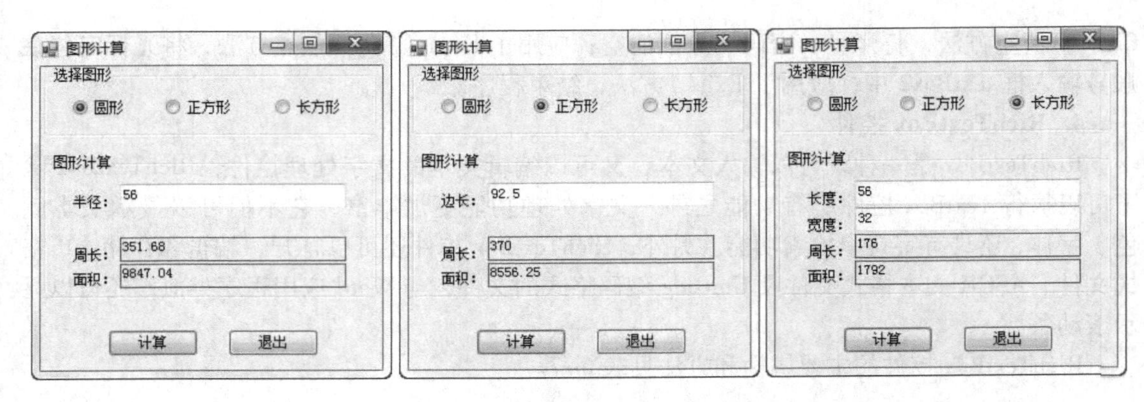

图 6-7 【例 6-2】程序运行效果图

程序源代码如下:

```
private void button1_Click(object sender,EventArgs e)
{//计算按钮
    const double PI =3.14;
    double x =0;                                    //圆形半径;正方形边长;长方形的长
    double y =0;                                    //长方形的宽
    try
    {
        x = Convert.ToDouble(textBox1.Text);        //数据类型转换
        y = Convert.ToDouble(textBox2.Text);
    }
    catch{}
    double c =0;                                    //图形的周长
    double s =0;                                    //图形的面积
    if (radioButton1.Checked)
    {//圆形
        c =2 * PI * x;
        s =PI * x * x;
    }
    else if (radioButton2.Checked)
    {//正方形
        c =4 * x;
        s =x * x;
    }
    else
    {//长方形
        c =2 * (x +y);
        s =x * y;
    }
    textBox3.Text = c.ToString();                   //转换数据类型
```

```
        textBox4.Text = s.ToString();
}

private void radioButton1_CheckedChanged(object sender, EventArgs e)
{//圆形单选按钮
        label1.Text = "半径:";
        label2.Visible = false;                    //用于长方形标签框设置为不可见
        textBox2.Visible = false;                  //文本框设置为不可见
        textBox1.Clear();                          //清空文本输入框
        textBox2.Clear();
        textBox3.Clear();
        textBox4.Clear();
        textBox1.Focus();                          //使得第一个文本输入框获得焦点
}

private void radioButton2_CheckedChanged(object sender, EventArgs e)
{//正方形单选按钮
        label1.Text = "边长:";
        label2.Visible = false;
        textBox2.Visible = false;
        textBox1.Clear();
        textBox2.Clear();
        textBox3.Clear();
        textBox4.Clear();
        textBox1.Focus();
}

private void radioButton3_CheckedChanged(object sender, EventArgs e)
{//长方形单选按钮
        label1.Text = "长度:";
        label2.Visible = true;
        label2.Text = "宽度:";
        textBox2.Visible = true;
        textBox1.Clear();
        textBox2.Clear();
        textBox3.Clear();
        textBox4.Clear();
        textBox1.Focus();
}

private void button2_Click(object sender,EventArgs e)
{//退出按钮
        Application.Exit();
}
```

在例题中，使用分组框 groupBox1 将圆形、正方形和长方形三个图形选择单选按钮分为一组；使用分组框 groupBox2 将图形计算相关的标签提示、文本输入分为一组。在程序设计中，考虑到圆形有半径一个参数，正方形有边长一个参数，而长方形有长和宽两个参数，故而，在界面设计上应用了控件的可见性进行切换。因为显示周长和面积的两个文本框中的内容，是由程序计算而来，在此处并不需要用户输入，所以在程序设计时，通过属性面板将两个文本框的 ReadOnly 属性值设置为只读 True，并将两个控件的 BorderStyle 属性值设置为 FixedSingle 的外观效果。

7. CheckBox（复选框）控件

复选框用于提供多个选项，在一组复选框选项中可以选择一个选项、多个选项，或者一个也不选择。复选框的常用事件与单选按钮完全一致。

复选框控件的主要属性见表 6-9。

表 6-9　复选框控件的主要属性

属　　性	说　　明
TextAlign	用来设置控件中文字的对齐方式
Checked	用于设置或返回复选框是否被选中，值为 true 时，表示复选框被选中，值为 false 时，表示复选框没被选中
CheckState	用于设置或返回复选框的状态
ThreeState	用于返回或设置复选框是否能表示三种状态：选中、未选中和中间态

8. ListBox（列表框）控件

列表框控件用于显示一个项目列表供用户选择。在列表框中，用户一次可以选择一项，也可以选择多项。

列表框控件的主要属性见表 6-10。

表 6-10　列表框控件的主要属性和方法

属　　性	说　　明
Items	用于存储列表框中的列表项，是一个集合。通过该属性，可以添加列表项、移除列表项和获得列表项的数目
MultiColumn	用于获取或设置 ListBox 是否支持多列显示
ColumnWidth	用于获取或设置多列 ListBox 控件中列的宽度
SelectionMode	用于获取或设置在 ListBox 控件中选择列表项的方法
SelectedItem	用于获取或设置 ListBox 中的当前选定项
Sorted	用于获取或设置 ListBox 控件中的列表项是否按字母顺序排序
ItemsCount	该属性用来返回列表项的数目
方　　法	**说　　明**
FindString	该方法用于在 ListBox 对象指定的列表框中查找字符串
SetSelected	该方法用于选择某一项或取消对某一项的选择状态
Add	该方法用于向列表框中增添一个列表项
Insert	该方法用于向列表框中插入一个列表项
Remove	该方法用于从列表框中删除一个列表项
Clear	该方法用于清除列表框中的所有项

9. ComboBox（组合框）控件

ComboBox 控件用于在下拉组合框中显示数据。在默认情况下，ComboBox 控件分两个部分显示：顶部是一个允许用户键入列表项的文本框。第二部分是一个列表框，它显示一个项列表，用户可从中选择一项。

组合框控件的主要属性和事件见表 6-11。

表 6-11　列表框控件的主要属性和方法

属　　性	说　　明
Items	组合框中项的集合
DropDownStyle	控制组合框的外观和功能，有三个选择项： DropDownList：不能输入； DropDownList（默认）：可输可选； Simple：显示列表
SelectedIndex	获取或设置指定当前选定项的索引
SelectedItem	获取或设置 ComboBox 中当前选定的项
SelectedText	获取或设置 ComboBox 的可编辑部分中选定的文本
SelectedValue	获取或设置由 ValueMember 属性指定的成员属性的值
ValueMember	获取或设置一个属性，该属性将用作 ListControl 中的项的实际值（从 ListControl 继承）
事　　件	**说　　明**
SelectedIndexChanged	在 SelectedIndex 属性更改后发生

10. PictureBox（图片框）控件

图片框，在该控件中可以加载的图像，支持的图像文件格式有位图文件（. Bmp）、图标文件（. ICO）、图元文件（. wmf）、. JPEG 和 . GIF 文件等。

图片框控件的主要属性见表 6-12。

表 6-12　图片框控件的主要属性

属　　性	说　　明
Image	用来设置控件要显示的图像
SizeMode	用来决定图像的显示模式

11. Timer（定时器）控件

定时器控件又称作计时器控件，该控件的主要作用是按一定的时间间隔周期性地触发 Tick 事件，在程序运行时，定时器控件是不可见的。一般用于每隔一段时间重复执行的一个操作。

定时器控件的主要属性、方法和事件见表 6-13。

表 6-13　定时器控件的主要属性、方法和事件

属　　性	说　　明
Enabled	用来设置定时器有效性，True 为正在运行，False 为不运行
Interval	用来设置定时器 Tick 事件发生的时间间隔，以毫秒为单位。例如 Interval 值为 500，则每隔 0. 5 s 触发一次 Tick 事件

（续）

方　法	说　明
Start	用来启动定时器
Stop	用来停止定时器
事　件	说　明
Tick	每隔 Interval 属性设置的时间间隔触发一次该事件

【例 6-3】编写一个窗体程序，当用户在“注册”窗体中填写姓名、电话、兴趣等信息项后，单击“提交”按钮时，则打开“会员中心”窗体，并隐藏“注册”窗体；当用户单击“取消”按钮时，结束应用程序。程序运行效果图，如图 6-8 所示。

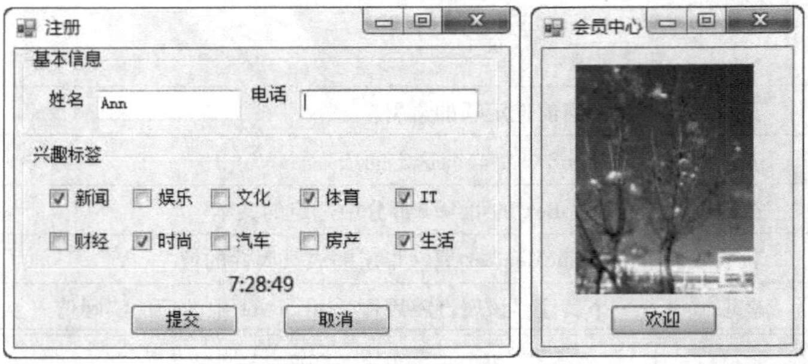

图 6-8 【例 6-3】程序运行效果图

注册窗体中“提交”按钮的单击 Click 事件程序源代码如下：

```
private void button1_Click(object sender,EventArgs e)
{//提交按钮
    this.Hide();                //隐藏注册窗体
    Form2 form2 = new Form2();
    form2.Show();               //显示会员中心窗体
}
```

注册窗体中“取消”按钮的单击 Click 事件程序源代码如下：

```
private void button2_Click(object sender,EventArgs e)
{//取消按钮
    Application.Exit();      //关闭应用程序
}
```

注册窗体中“定时器”控件的 Tick 事件程序源代码如下：

```
private void timer1_Tick(object sender,EventArgs e)
{//显示时间
    label3.Text = DateTime.Now.ToLongTimeString();      //获取系统当前时间
}
```

在例题中，应用了多个窗体之间的切换，并对按钮、标签、文本框、复选框、分组框、图片框和定时器等常用控件进行了简单应用。程序设计时在定时器的属性面板中，将 Enable 属性设置为 True，Interval 属性设置为 1000（毫秒），这样实现了在标签框中每隔 1 s 显示一次系统的当前时间，“DateTime. Now. ToLongTimeString( );” 可获取系统时间。

12. 菜单

在窗体应用程序中，菜单也是广泛使用的控件，用户可以通过选择菜单中的命令轻松完成对程序的操作。菜单分为主菜单和上下文菜单。

（1）主菜单

主菜单由菜单栏和下拉菜单组成。菜单栏中有多个菜单项目，单击每个菜单项目，都能打开各自的下拉菜单，下拉菜单中包括多项菜单命令，菜单命令又可以带有二级下拉菜单。为了方便用户操作，多数软件的菜单项目设置有快捷访问键。

1）添加菜单。首先创建主菜单，通过双击工具箱中的 MenuStrip 控件，即可将菜单控件添加到窗体中。在窗体左上角的空白菜单栏上单击，便出现菜单项输入框，在其中可输入菜单项目名称，向右输入与其并列的横向菜单项目，向下则输入其下拉菜单命令，如图 6-9 所示。下拉菜单中的命令分隔条，可通过输入英文半角的中画线“ - ”来实现。

2）设置菜单访问键。单击输入的菜单项目，便可打开其属性面板，修改其 Text 属性，便可修改项目名称。在项目名称后加上（& 字母），便可为该菜单项目设置访问键，例如，“文件”菜单，设置其 Text 属性为“文件(&F)”，则在菜单栏中将显示为“文件(F)”，如图 6-10 所示。在程序运行中，如果想访问该菜单项目，则可以通过“ALT + F”（访问键）的方式打开“文件”菜单。

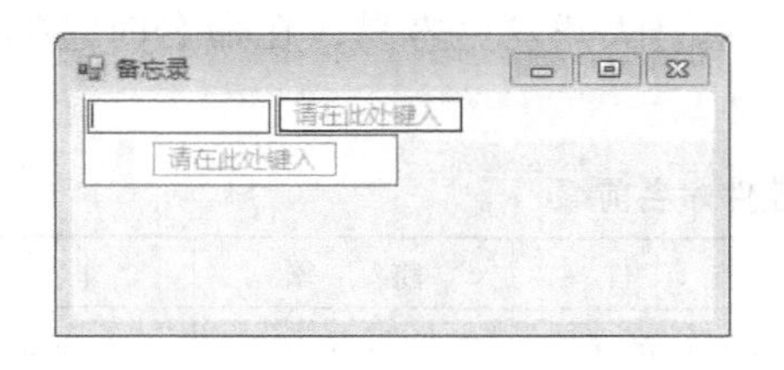

图 6-9　添加菜单

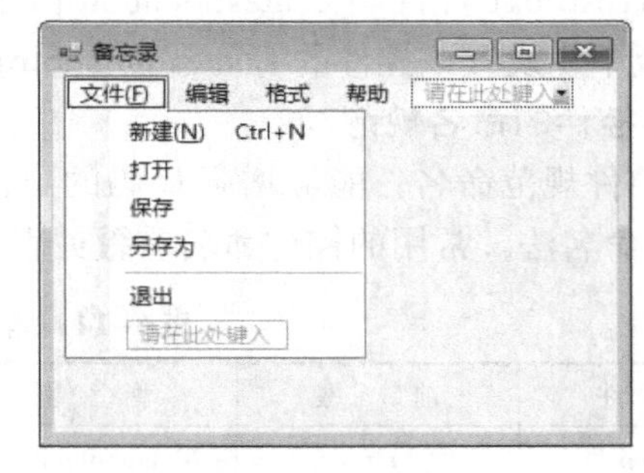

图 6-10　设置菜单访问键

3）设置菜单命令快捷键。设置菜单命令的快捷方式，例如，为“文件”菜单项目中的“新建”命令设置快捷键“Ctrl + N”，可在其属性面板中，单击 ShortcutKeys 属性右侧的下拉箭头，在弹出的“修饰符”面板中，设置快捷键，如图 6-11 所示。

4）编写菜单命令的单击事件。在窗体设计器中，打开菜单项目的下拉菜单，直接在菜单命令上双击，即可在代码窗口中，自动添加该命令的 Click 事件，例如，为“文件”菜单中的“退出”命令添加 Click 事件，代码片段如下所示：

```
private void 退出ToolStripMenuItem_Click(object sender, EventArgs e)
{
    Application.Exit();
}
```

（2）上下文菜单

上下文菜单，也称作快捷菜单、弹出式菜单，一般通过在控件上单击鼠标右键的方式弹出快捷菜单。如图 6-12 所示，在备忘录的 RichTextBox 文本输入框控件中，单击鼠标右键弹出的上下文菜单。

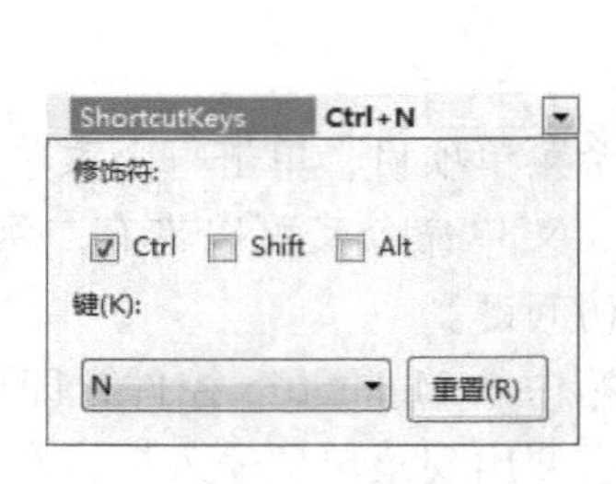

图 6-11　设置快捷键

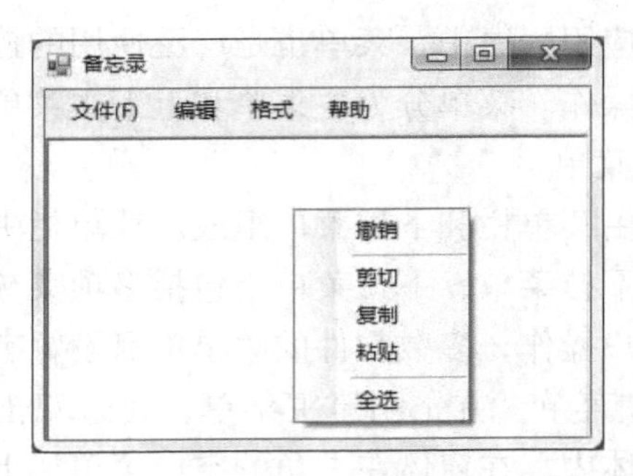

图 6-12　上下文菜单

上下文菜单控件是 ContextMenuStrip，在工具箱中双击该控件，即可向程序中添加一个上下文菜单控件，默认对象名称为 contextMenuStrip1，上下文菜单命令的添加、属性设置和事件编写等，与主菜单的制作非常相似。

设置上下文菜单，最重要的就是设置该上下文菜单与控件的关联，例如，在上图备忘录的 RichTextBox 文本输入框控件中，单击鼠标右键弹出上下文菜单 contextMenuStrip1，此处要设置 richTextBox1 控件与 contextMenuStrip1 的关联，首先选中 richTextBox1 控件，然后在其属性面板中，设置该控件的 ContextMenuStrip 属性值为 contextMenuStrip1 即可。

13. 控件的命名规范

C#控件规范命名，能够增强代码的可读性，让团队开发更容易，在命名时遵循 Camel（骆驼）命名法。常用的控件命名前缀见表 6-14。

表 6-14　常用的控件命名前缀

控　件	前　缀	举　例	控　件	前　缀	举　例
Button	btn	btnSubmit	RadioButton	rbo	rboMan
Label	lbl	lblName	ListBox	lst	lstCountries
TextBox	txt	txtAge	CheckBox	chk	chkCourse
GroupBox	grp	grpMust	ComboBox	cbo	cboProvince

14. 多文档应用程序

（1）MDI 概念

在一个窗体中同时包含多个子窗体的应用程序，通常称为多文档（MDI）应用程序，多文档应用程序可以同时处理一个或多个文档，每个文档独立地执行软件所需要的功能。例如，Word、Excel、EditPlus 等软件都是多文档应用程序，如图 6-13 所示，EditPlus 软件在主窗体中，同时打开了三个子窗体，各个子窗体之间可以进行数据交互，也可以互不相干。关闭其中一个子窗体，不会影响其他子窗体；当关闭主窗体，则同时关闭所有子窗体，并退出应用程序。

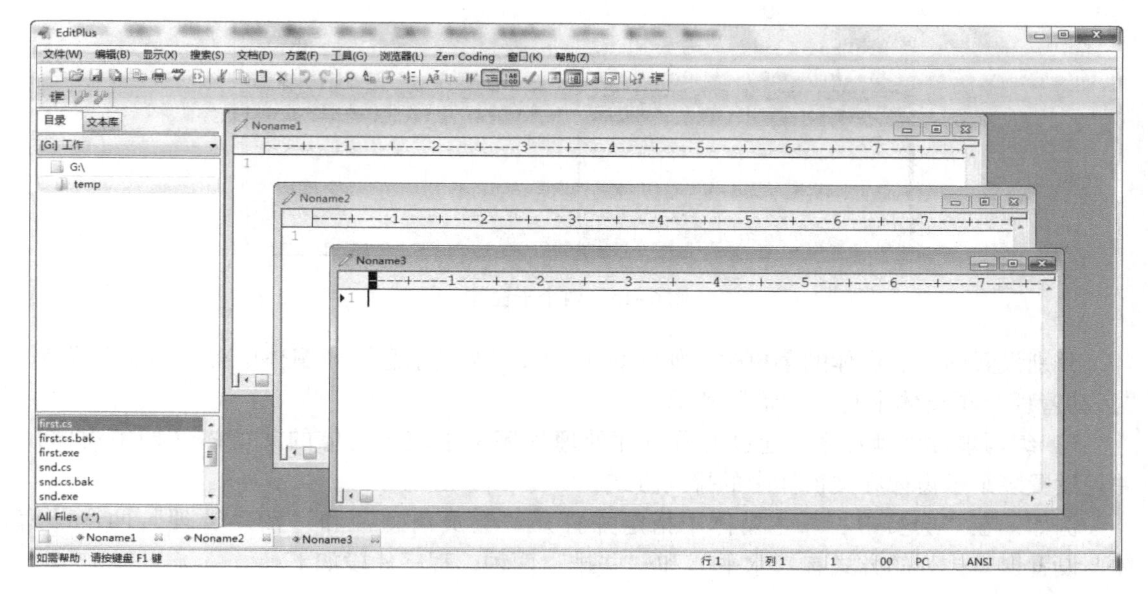

图 6-13　多文档应用程序

而记事本软件则为单文档（SDI）应用程序，在运行的一个记事本应用程序中，同时只能打开一个文档，如果打开另一个新文档，必须关闭当前文档，否则需要再运行一个记事本应用程序。

（2）开发 MDI 程序的步骤

一个多文档应用程序中，包含一个主窗体和多个子窗体。具体开发步骤如下。

1）创建主窗体。在窗体的属性面板中，将窗体的 IsMdiContainer 属性设置为 True，则指定该窗体为多文档窗体。设置窗体的 WindowState 属性，一般主窗体的状态设置为 Maximized 属性值。设计制作主窗体的菜单栏及菜单命令。

例如：创建“会员中心”主窗体，设置其菜单栏项目有“操作”“窗口”“帮助”，其中“操作”菜单中有“会员信息”“活动管理”和“退出”三个菜单命令；“窗口”菜单中有“水平”“并排”两个菜单命令。如图 6-14 所示。

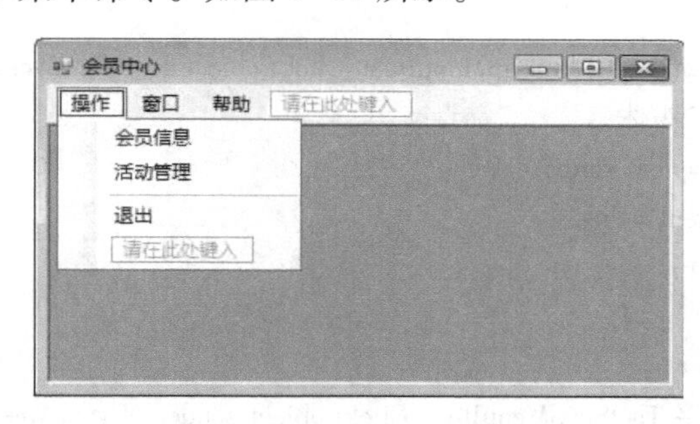

图 6-14　主窗体菜单制作

2）添加子窗体。通过解决方案资源管理器向项目中添加两个窗体 Form2 和 Form3，例如，向“会员中心”主窗体中添加两个子窗体，分别为“会员信息”和“活动管理”两个子窗体，运行效果如图 6-15 所示。

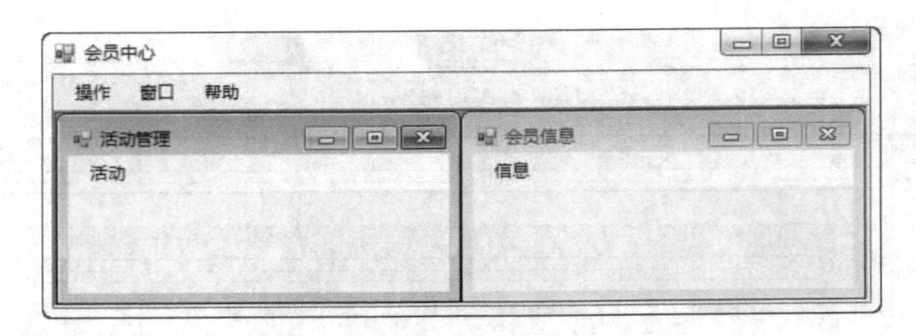

图 6-15 两个子窗体

分别设置两个子窗体的菜单栏，如图 6-15 中，“会员信息”子窗体中有“信息”菜单，“活动管理”子窗体中有“活动”菜单。

3）编写事件处理程序。通过编写事件处理程序来指定子窗体的父窗体（即主窗体），并且设置多个子窗体在父窗体中的排列方式。

例如：在“会员中心”主窗体中指定并打开“会员信息”和“活动管理”两个子窗体，设置窗口排列的方式有“水平”和“并排”两种，程序片段如下：

```
public partial class Form1:Form
{//主窗体
    public Form1()
    {
        InitializeComponent();
    }

    private void 会员信息ToolStripMenuItem_Click(object sender, EventArgs e)
    {//会员信息子窗体
        Form2 f2 = new Form2();
        f2.MdiParent = this;    //指定主窗体
        f2.Show();
    }

    private void 活动管理ToolStripMenuItem_Click(object sender, EventArgs e)
    {//活动管理子窗体
        Form3 f3 = new Form3();
        f3.MdiParent = this;
        f3.Show();
    }

    private void 水平ToolStripMenuItem_Click(object sender, EventArgs e)
    {//多个子窗体水平排列
        this.LayoutMdi(MdiLayout.TileHorizontal);
    }

    private void 并排ToolStripMenuItem_Click(object sender, EventArgs e)
```

```
    {//多个子窗体垂直并排排列
        this.LayoutMdi(MdiLayout.TileVertical);
    }
}
```

在程序中，通过 MdiParent 属性指定当前子窗体的主窗体，通过方法 LayoutMdi（排列方式枚举值）指定多个子窗体在主窗体中的排列方式。

6.2.3 委托

委托是一个类，它定义了方法的类型，使得可以将方法当作参数，传递给另一个方法，这种将方法动态地赋给参数的做法，使得程序具有更好的可扩展性。

1. 委托声明

委托使用 delegate 关键字进行声明。一般语法如下：

```
[访问修饰符] delegate 返回值类型 委托名称(参数列表);
```

例如：声明一个委托 Calculate：

```
public delegate void Calculate(int n1,int n2);
```

委托的声明方式和类的声明虽然完全不同，但是，委托在编译的时候确实会编译成类。因为 delegate 是一个类，所以在程序中任何可以声明类的地方都可以声明委托。

2. 委托实例化及应用

在声明委托之后，对委托进行实例化，即创建委托的对象，并把委托给 Calculate 的方法作为参数，传递给 Calculate。

例如：将求两数之和的方法 sum()，委托给 Calculate 的创建方式。

```
Calculate c1 = new Calculate(sum);
```

例如：将求两数平均值的方法 ave()，委托给 Calculate 的创建方式。

```
Calculate c2 = new Calculate(ave);
```

因此，在声明委托之前，要先定义好预委托的方法。

【例 6-4】编写一个程序，统计学生的语文、数学两门科目的总分和平均分。程序运行效果图，如图 6-16 所示。

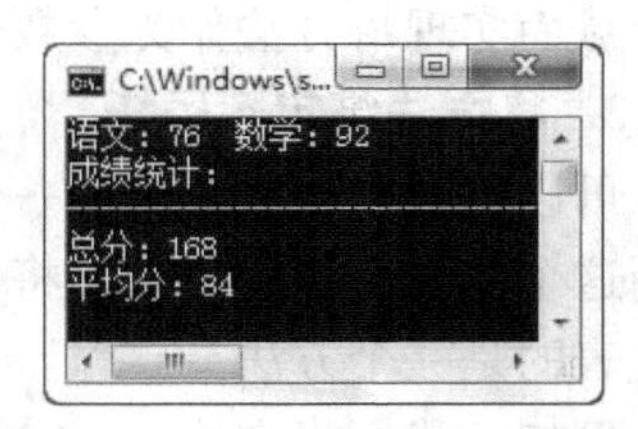

图 6-16 【例 6-4】程序运行效果图

程序源代码如下：

```
using System;
namespace Test
{
    public delegate void Calculate(int num1,int num2);          //声明委托 Calculate
    public class Program
    {
        public static void sum(int n1,int n2)                    //定义方法 sum,求两数之和
```

```
            {
                Console.WriteLine("总分:{0}",n1 + n2);
            }
            public static void ave(int n1,int n2)                 //定义方法 ave,求两数平均值
            {
                Console.WriteLine("平均分:{0}",(n1 + n2)/2.0);
            }
            static void Main(string[] args)
            {
                int chinese = 76,math = 92;
                Console.WriteLine("语文:{0}   数学:{1}",chinese,math);
                //统计学生成绩
                Console.WriteLine("成绩统计:");
                Console.WriteLine("---------------------");
                Calculate c1 = new Calculate(sum);                //委托实例化对象 c1
                Calculate c2 = new Calculate(ave);                //委托实例化对象 c2
                c1(chinese,math);                                 //委托调用
                c2(chinese,math);                                 //委托调用
                Console.ReadKey();
            }
        }
    }
```

在例题中，首先定义两数求和的方法 sum( )和两数求平均值的方法 ave( )，我们看到了定义委托 Calculate，除了加入了 delegate 关键字以外，其余的完全一样（返回类型和参数组成）。那么接下来就可以将方法 sum( )和 ave( )委托给 Calculate 了。

所以定义委托 Calculate，它定义了可以代表的方法的类型，使得可以将方法 sum、ave 当作参数动态地传递给 Calculate。

只要是与委托的签名（返回类型和参数组成）匹配的方法，都可以委托给委托类型变量，从而实现将方法作为参数进行传递。

3. 将方法绑定到委托

可以将多个方法赋给同一个委托变量，或者叫作将多个方法绑定到同一个委托变量，当调用这个委托变量的时候，将依次调用其绑定的所有方法。这里用“调用”，是因为委托变量代表的是一个方法。

例如：我们将方法 sum( )和 ave( )都委托给同一个委托变量 calculate，在调用变量 calculate 时，将依次执行 sum( )和 ave( )两个方法，语法如下：

```
Calculate calculate;           //定义委托变量 calculate
calculate = sum;               //给变量赋值,将方法赋值给委托
calculate += ave;              //将方法绑定到委托
calculate(chinese,math);       //委托调用
```

在这里要注意，第一次使用的是“ =”，是将方法赋值给委托变量；第二次，使用的是

“+=”，是将方法绑定到委托。如果第一次就使用“+=”，编译时将出现“使用了未赋值的局部变量”的编译错误。

4. 取消方法的绑定

可以将多个方法绑定给同一个委托变量，当然也可以在不需要的时候，用“-=”取消方法的绑定，例如：取消绑定给 calculate 的方法 ave，代码如下：

```
Calculate calculate;             //定义委托变量 calculate
calculate = sum;                 //给变量赋值,将方法赋值给委托
calculate += ave;                //将方法绑定到委托
calculate(chinese,math);         //委托调用
calculate -= ave;                //取消方法 ave 的绑定
calculate(chinese,math);         //委托调用
```

5. 委托的可扩展性

我们已经知道，使用委托，可以将多个方法绑定到同一个委托变量，当调用此委托变量时，将依次调用所有绑定给该委托变量的方法，对于不需要的方法也可以取消绑定，从而增强了程序的可扩展性。

【例 6-5】编写一个程序，统计学生的语文、数学两门科目的总分、平均分、最高分和最低分。程序运行效果图，如图 6-17 所示。

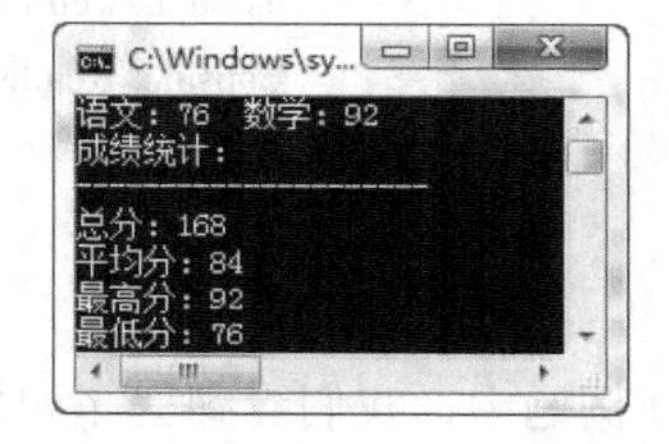

图 6-17 【例 6-5】程序运行效果图

程序源代码如下：

```
using System;
namespace Test
{
    public delegate void Calculate(int n1,int n2);          //声明委托 Calculate
    public class Program
    {
        public static void sum(int n1,int n2)               //求和方法
        {
            Console.WriteLine("总分:{0}",n1 + n2);
        }
        public static void ave(int n1,int n2)               //求平均值方法
        {
            Console.WriteLine("平均分:{0}",(n1 + n2)/2.0);
        }
        public static void max(int n1,int n2)               //求最大值方法
        {
            Console.WriteLine("最高分:{0}",n1 > n2? n1:n2);
        }
        public static void min(int n1,int n2)               //求最小值方法
        {
```

```
            Console.WriteLine("最低分:{0}",n1 > n2? n2:n1);
        }
        static void Main(string[] args)
        {
            int chinese = 76,math = 92;
            Console.WriteLine("语文:{0}    数学:{1}",chinese,math);
            //统计学生成绩
            Console.WriteLine("成绩统计:");
            Console.WriteLine("---------------------");
            Calculate calculate;                    //委托实例化
            calculate = sum;                        //给委托赋值
            calculate += ave;                       //将方法绑定到委托
            calculate += max;                       //将方法绑定到委托
            calculate += min;                       //将方法绑定到委托
            calculate(chinese,math);                //委托调用
            Console.ReadKey();
        }
    }
}
```

在例题中，我们看到程序如果需要扩展功能，只需要将签名和返回值类型都相同的方法绑定到委托变量上，当调用委托变量时，很轻松地将绑定在委托上的所有方法依次执行。在计算最高、最低分时，程序中使用了条件运算符“表达式1?表达式2:表达式3”，如果“表达式1”的值为非0（真），则条件表达式的运算结果等于“表达式2”的值；否则运算结果等于“表达式3”的值。它的运算符是“?:”，是C#中唯一的三目运算符。

6.2.4 事件

接下来，我们编写程序模拟这样一个过程：在期末考试结束时，教师登录“成绩录入系统”，录入学生成绩，当录入完单击“提交”时，学生就可以立刻收到来自系统的成绩通知，如果成绩不及格（低于60分），就会收到班主任老师的短信通知，提醒其按时参加补考；收到教务处发送的成绩通知单电子邮件；收到培训班的电话，询问其是否要参加辅导班；收到家长为其网购的复习资料快递。

在这里，当发生“提交”按钮的单击事件时，如果成绩不合格，班主任、教务处、培训班、家长是怎样立刻得到通知，并做出相应的事件处理的?

显然是班主任、教务处、培训班、家长一直在监视着学生的成绩，一旦成绩不合格的事件发生了，这些事件的监视者将立刻采取行动。班主任的处理方法是赶紧短信通知学生；教务处的处理方法是赶紧给学生发送电子邮件；培训班赶紧给学生打电话；家长赶紧给学生网购复习资料，等等，每个事件的监视者都有自己的事件处理方法，他们就像把自己的“事件处理方法”事先绑定在“成绩不合格”这个事件上一样，一旦事件发生，将执行所有绑定的方法。

那么，程序该怎样编写呢? 如果把“事件”定义成一个委托变量，将多个“事件处理

方法”绑定在这个“事件”上，当调用此“事件”时，将依次调用所有绑定的方法，问题就解决了。而事实上，事件确实是一个委托变量。

1. 声明事件

一般语法如下：

```
访问修饰符 event 委托名 事件名;
```

如果要声明事件，而事件是委托的变量，那么应该先声明委托，而委托的签名（由返回类型和参数组成）要与委托给它的方法签名匹配。在这里实现单击“提交”按钮的事件声明程序片段如下：

```
public void ShowMessage(object sender){…}                    //短信通知
public void ShowEmail(object sender){…}                      //电子邮件
public void ShowPhone(object sender){…}                      //电话通知
public void ShowSend(object sender){…}                       //网购快递
private delegate void btnClickEventHandler(object sender);   //声明委托
    private event btnClickEventHandlerbtnClick;              //声明事件
```

2. 为事件绑定事件的处理方法

在这里为刚才声明的事件 btnClick 绑定事件处理方法的程序片段如下：

```
btnClick += ShowMessage;
btnClick += ShowEmail;
btnClick += ShowPhone;
btnClick += ShowSend;
```

3. 触发事件

在这里，当教师完成成绩录入，单击“提交”按钮时，如果成绩不及格（低于 60 分），则触发了事件，在调用事件时，将依次执行绑定在该事件上的所有事件处理方法。程序片段如下：

```
private void button1_Click(object sender,EventArgs e)
{ //提交按钮
    if (Convert.ToInt32(textBox1.Text) < 60)
    {//成绩输入框
        btnClick(sender);  //调用事件
    }
}
```

完整的程序实现，请看下面例题。

【例 6-6】 编写一个程序。当成绩录入提交时，如果成绩不及格，即低于 60 分，学生将陆续收到短信、电子邮件、电话、快递等。程序运行效果图，如图 6-18 所示。

程序源代码如下：

```
using System;
using System.Collections.Generic;
```

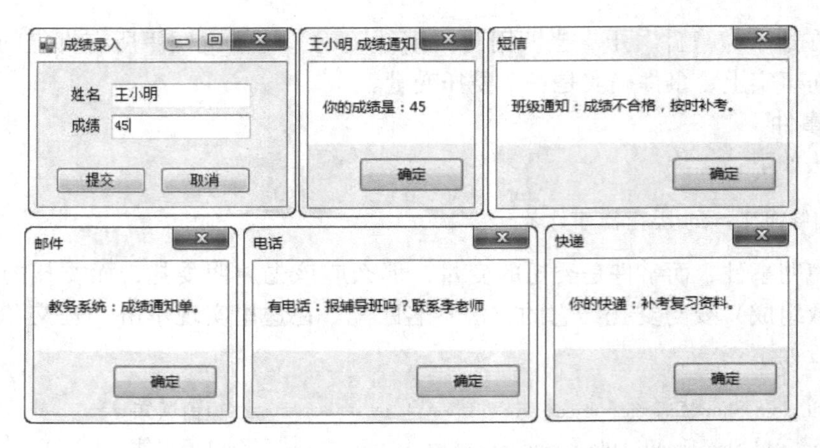

图 6-18 【例 6-6】程序运行效果图

```
using System.ComponentModel;
using System.Data;
using System.Drawing;
using System.Linq;
using System.Text;
using System.Threading.Tasks;
using System.Windows.Forms;

namespace WindowsFormsApplication
{
    //班主任短信通知
    public class Message
    {
        public static void ShowMessage(object sender)
        {
            MessageBox.Show("班级通知:成绩不合格,按时补考。","短信");
        }
    }
    //教务处发送电子邮件
    public class Email
    {
        public static void ShowEmail(object sender)
        {
            MessageBox.Show("教务系统:成绩通知单。","邮件");
        }
    }
    //培训班来电
    public class Phone
    {
        public static void ShowPhone(object sender)
```

```
        {
            MessageBox.Show("有电话:报辅导班吗? 联系李老师","电话");
        }
}
//家长网购快递
public class Send
{
    public static void ShowSend(object sender)
    {
        MessageBox.Show("你的快递:补考复习资料。","快递");
    }
}
public partial class Form1:Form
{
    public Form1() {InitializeComponent();}
    private delegate void btnClickEventHandler(object sender);//声明委托
    private event btnClickEventHandlerbtnClick;                //声明事件

    private void button1_Click(object sender,EventArgs e)
    { //提交按钮
        try
        {
            string message = "你的成绩是:" + textBox1.Text;
            string title = textBox2.Text + "成绩通知";
            MessageBox.Show(message, title);
            btnClick += Message.ShowMessage;
            btnClick += Email.ShowEmail;
            btnClick += Phone.ShowPhone;
            btnClick += Send.ShowSend;
            if (Convert.ToInt32(textBox1.Text) <60)
            {
                btnClick(sender);
            }
        }
        catch (Exception)
        {
            MessageBox.Show("输入数据有错。");
        }
    }

    private void button2_Click(object sender,EventArgs e)
{//取消按钮
        Application.Exit();
```

```
            }
        }
    }
```

在例题中，我们理解了事件的概念，事件，有事件的发布者（也称作事件发送者、事件发行者）和事件的监视者（也称作事件的订阅者、事件的处理者）。事件的处理者，通常要提供事件的处理方法，并事先绑定事件，在事件的发布者触发事件后，会自动执行事件处理方法。

6.3 任务实现

6.3.1 创建项目及父窗体实现

1. 创建项目

启动 Visual Studio 2013，单击“文件”→“新建”→“项目”命令，在打开的“新建项目”对话框中，选择“Windows 窗体应用程序”，输入项目名称“StudentScore_MDI”，并选择项目位置。如图 6-19 所示。

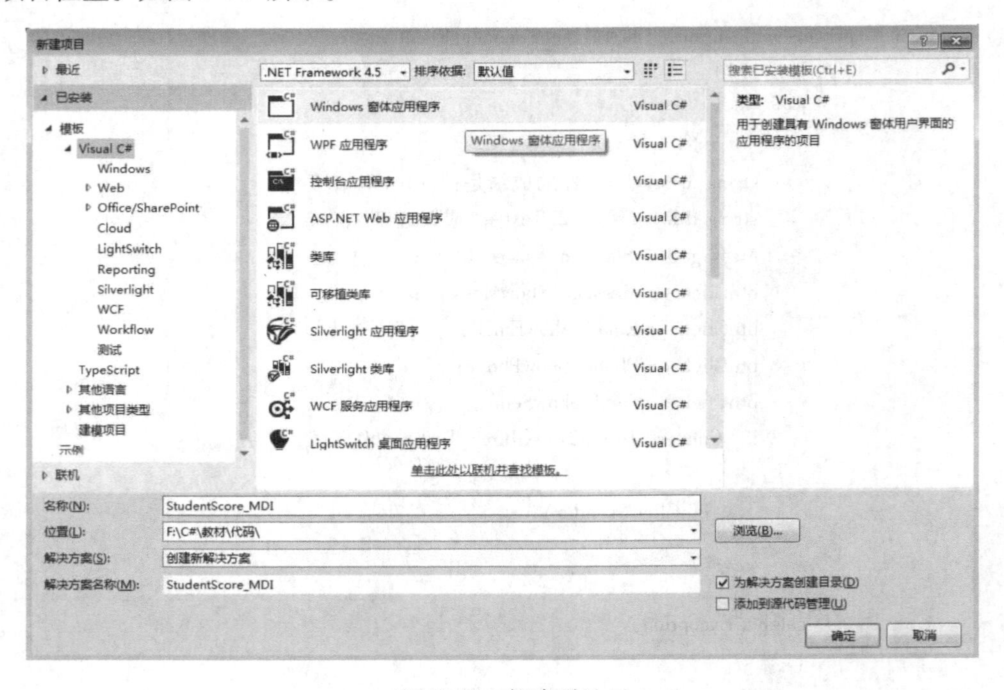

图 6-19 新建项目

2. 父窗体实现

添加父窗体，并添加菜单和编写相应的代码。具体步骤如下。

（1）添加父窗体

在项目中添加一个窗体，命名为 FrmMain。要成为父窗体，必须将 IsMdiContainer 属性设置为 True。

（2）在主窗体中添加菜单

在 FrmMain 窗体中拖放菜单，添加“学生基本信息提交”和“课程基本信息提交”两项。

（3）编写代码

1）在菜单项“学生基本信息提交”的 Click 事件处理方法中编写如下代码：

```
private void 学生基本信息提交 ToolStripMenuItem_Click( object sender, EventArgs e)
    {
    FrmStudentInsert frm = new FrmStudentInsert( ) ;//FrmStudentInsert 为学生基本信息提交窗体对
//应的类名
    frm. MdiParent = this;
    frm. Show( ) ;
}
```

2）在菜单项“课程基本信息提交”的 Click 事件处理方法中写如下代码：

```
private void 课程基本信息提交 ToolStripMenuItem_Click( object sender, EventArgs e)
{
    FrmCourseInsert frm = new FrmCourseInsert ( ) ;//FrmCourseInsert 为课程基本信息提交窗体对
//应的类名
    frm. MdiParent = this;
    frm. Show( ) ;
}
```

6.3.2 学生基本信息提交

1. 添加、设计界面

（1）添加“学生基本信息提交”窗体

具体步骤如下。

1）选择菜单中“项目 -> 添加 Windows 窗体…”选项，或在“解决方案资源管理器”中选中项目“StudentScore_MDI”右击，在弹出的快捷菜单中选择“添加 -> Windows 窗体…”选项，打开“添加新项”对话框。

2）在“添加新项”对话框中，将窗体文件命名为“FrmStudentInsert. cs”，单击“添加”按钮。“StudentScore_MDI”项目中就添加了一个窗体。

（2）设计“学生基本信息提交”窗体

具体步骤如下。

1）按图 6-2 所示在此窗体中添加控件。

2）按表 6-15 所示在“属性面板”中设置窗体和控件的属性。

表 6-15 窗体及控件属性

名　称	含　义	类　型	属　性
FrmStudentInsert	“学生基本信息提交”窗体	Form	Name：FrmStudentInsert Text：提交学生基本信息

（续）

名　称	含　义	类　型	属　性
txtSNo	学号	TextBox	Name：txtSNo
txtSName	姓名	TextBox	Name：txtSName
txtClass	班级	TextBox	Name：txtClass
rboMale	男	RadioButton	Name：rboMale Check：True Text：男
rboFemale	女	RadioButton	Name：rboFemale Check：False Text：女
txtBirthday	出生年月	TextBox	Name：txtBirthday
cboProvince	籍贯	ComboBox	Name：cboProvince Items：山东 北京 广东 福建 （自行扩充）
btnSave	显示收集的信息	Button	Name：btnSubmit

2. 编写代码

（1）数据验证

验证用户输入的数据是否合理，不妨用一个方法实现，代码如下：

```
private bool CheckValid()
{
    if (string.IsNullOrEmpty(txtSNo.Text) || string.IsNullOrEmpty(txtSName.Text) ||
string.IsNullOrEmpty(txtClass.Text))
    {
        MessageBox.Show("学号、姓名和班级不能为空");
        return false;
    }
    if (!string.IsNullOrEmpty(txtBirthday.Text))
    {
        DateTime dt;
        if (!DateTime.TryParse(txtBirthday.Text, out dt))
        {
            MessageBox.Show("出生年月必须为有效日期");
            return false;
        }
    }
    return true;
}
```

（2）“显示收集的信息”按钮的 click 事件的处理方法

代码如下：

```
private void btnSubmit_Click(object sender, EventArgs e)
{
    if (CheckValid())
    {
        string mess = null;
        mess = "学号:" + txtSNo.Text;
        mess += "\n 姓名:" + txtSName.Text;
        string gender = null;
        if (rboMale.Checked)
        {
            gender = "男";
        }
        else
        {
            gender = "女";
        }
        mess += "\n 性别:" + gender;
        if (!string.IsNullOrEmpty(txtBirthday.Text))
        {
            mess += "\n 出生年月:" + txtBirthday.Text;
        }
        mess += "\n 所属班级:" + txtClass.Text;
        if (cboProvince.SelectedIndex >= 0)
        {
            mess += "\n 籍贯:" + cboProvince.SelectedItem.ToString();
        }
        MessageBox.Show(mess);
    }
}
```

课程基本信息提交的设计类似，这里不再重复，请读者自行完成。

6.4 小结

1. 窗体编程使得程序和用户之间实现了更好的交互性。

2. 窗体的常用控件有按钮、标签、文本框、单选按钮、复选框、列表框、图片框、定时器等。对于窗体和大部分控件来说，有一些属性、方法和事件是相同的。

3. 控件的属性值描述了控件的外观、样式等特征，可以在属性面板中设置属性的初始值，也可以在程序运行过程中改变其外观和形式。

4. 控件通过调用方法来完成某个动作或者功能，每个控件都有很多方法。方法是通过调用来执行的。

5. WinForm 是事件驱动程序，通过对控件编写事件代码，可以响应用户的操作。

6. 委托是一个类，它定义了方法的类型，使得可以将方法当作参数，传递给另一个方法，这种将方法动态地赋给参数的做法，可以使得程序具有更好的可扩展性。

7. 事件的声明和使用与委托有很密切的关系，事件其实是一个或多个方法的代理，当事件被触发时，代理会被自动调用，从而代理的方法就被自动执行。

6.5 习题

1. 选择题

（1）当运行程序时，系统自动执行启动窗体的（　　）事件。

A. Click　　B. DoubleClick　　C. Load　　D. Activated

（2）若要使命令按钮不可操作，要对（　　）属性进行设置。

A. Visible　　B. Enabled　　C. BackColor　　D. Text

（3）若要使 TextBox 中的文字不能被修改，应对（　　）属性进行设置。

A. Locked　　B. Visible　　C. Enabled　　D. ReadOnly

（4）在设计窗口，可以通过（　　）属性向列表框控件如 ListBox 的列表添加项。

A. Items　　B. Items. Count　　C. Text　　D. SelectedIndex

（5）引用 ListBox（列表框）最后一个数据项应使用（　　）语句。

A. ListBox1. Items[ListBox1. Items. Count]

B. ListBox1. Items[ListBox1. SelectedIndex]

C. ListBox1. Items[ListBox1. Items. Count - 1]

D. ListBox1. Items[ListBox1. SelectedIndex - 1]

（6）引用 ListBox（列表框）当前被选中的数据项应使用（　　）语句。

A. ListBox1. Items[ListBox1. Items. Count]

B. ListBox1. Items[ListBox1. SelectedIndex]

C. ListBox1. Items[ListBox1. Items. Count - 1]

D. ListBox1. Items[ListBox1. SelectedIndex - 1]

（7）窗体中有一个年龄文本框 txtAge，下面（　　）代码可以获得文本框中的年龄值。

A. int age = txtAge;

B. int age = txtAge. Text;

C. int age = Convert. ToInt32(txtAge);

D. int age = int. Parse(txtAge. Text);

（8）要改变窗体的标题，需修改的窗体属性是（　　）。

A. Text　　B. Name　　C. Title　　D. Index

2. 判断题

（1）Windows 应用程序和 Web 应用程序都是通过事件触发的。（　）

（2）委托是将方法作为参数传递给另一方法的一种数据类型。事件与委托没有关系。（　）

（3）用 Interval 属性设置 Timer 控件 Tick 事件发生的时间间隔单位为秒。(　　)

（4）“解决方案管理器”窗口可以用来浏览当前项目中所有的文件、名字空间和类。(　　)

（5）ListBox 控件用于显示一个选项列表，用户每次只能从其中选择一项。(　　)

（6）用 Interval 属性设置 Timer 控件 Tick 事件发生的时间间隔单位为秒。(　　)

（7）要使 Lable 控件显示给定的文字“您好”，应在设计状态下设置它的 Caption 属性值。(　　)

（8）在 C#中，可以标识不同对象的属性是 Name。(　　)

（9）在 Visual Studio. NET 窗口中，解决方案资源管理器窗口显示了当前 Visual Studio 解决方案的网状结构。(　　)

（10）通过 Visual Studio 主菜单中的“视图|属性窗口”菜单项可以控制“属性”面板的显示或隐藏。(　　)

6.6　实训任务

1. 用窗体设计器设计一个如图 6-20 所示的注册窗体，并按照 Button 的文本含义编写相应的事件处理方法。

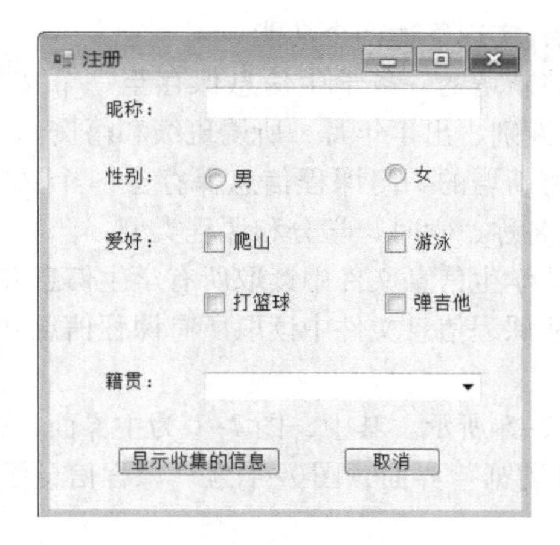

图 6-20　注册界面

2. 开发一个简易的计算器，具有加、减、乘、除四则运算的计算功能。

（1）运算符通过 RadioButton 选择。

（2）运算符通过 ComboBox 选择。

任务7　文件操作——学生信息管理

本章以“学生信息管理系统”为项目载体，讲解 C#的文件操作。通过本章的学习，使读者：

- 掌握文本文件的操作，熟练使用 FileStream、StreamWriter 和 StreamReader 类的常用方法；
- 掌握“打开文件”对话框和“保存文件”对话框的使用；
- 掌握泛型集合 List <T>的使用；
- 掌握数据显示控件 DataGridView 的简单使用。

7.1　任务描述

1. 功能描述

创建学生信息管理系统，实现下述四个功能。

1）学生信息添加，即将新增的一条学生信息保存至一个文本文件中。文件格式自定。学生信息包含学号、姓名、性别、出生年月、所属班级和籍贯。

2）课程信息添加，即将新增的一门课程信息保存至一个文本文件中。文件格式自定。课程信息包含课程号、课程名称、学时、学分和课程类型。

3）学生信息浏览，即从学生信息文件中读取所有学生信息并显示。

4）课程信息浏览，即从课程信息文件中读取所有课程信息并显示。

2. 参考界面

参考界面如图 7-1 ~ 图 7-5 所示。其中，图 7-1 为主界面，图 7-2 为“学生信息添加”界面，图 7-3 为“学生信息浏览”界面，图 7-4 为“课程信息添加”界面，图 7-5 为“课程信息浏览”界面。

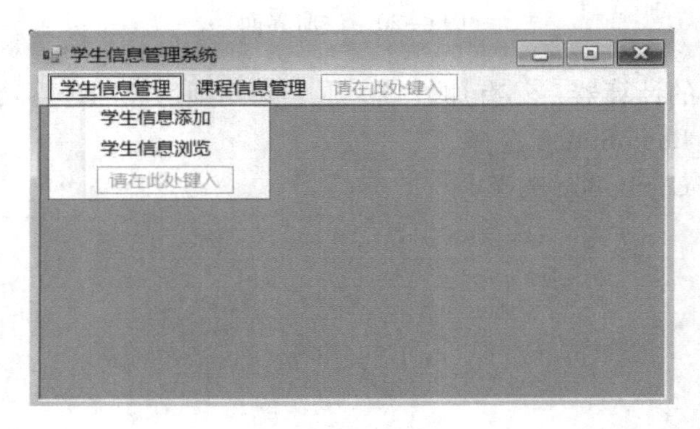

图 7-1　主界面

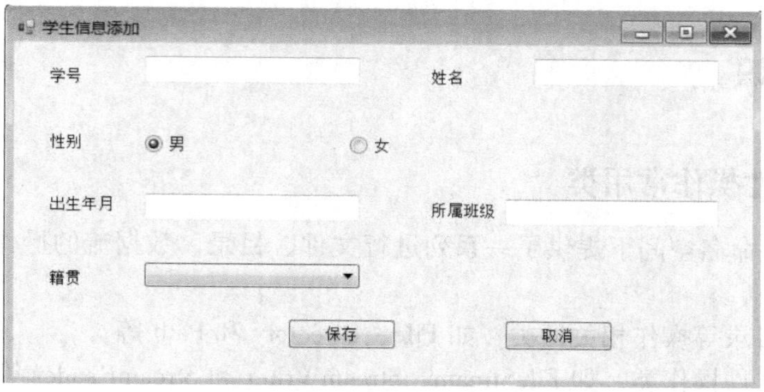

图 7-2 “学生信息添加”界面

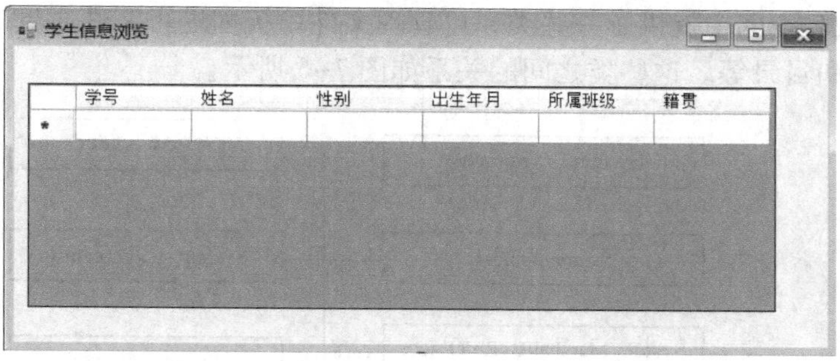

图 7-3 “学生信息浏览”界面

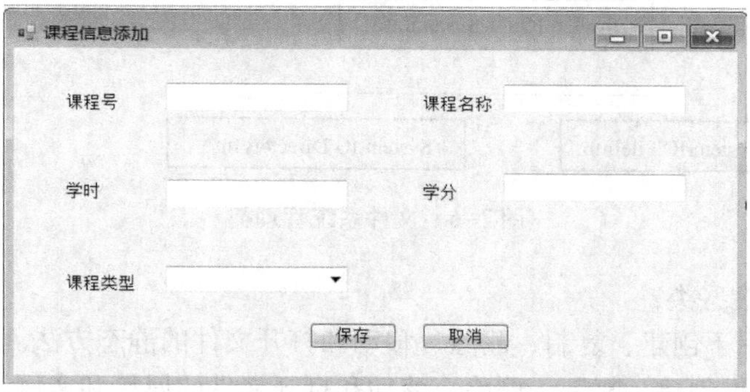

图 7-4 “课程信息添加”界面

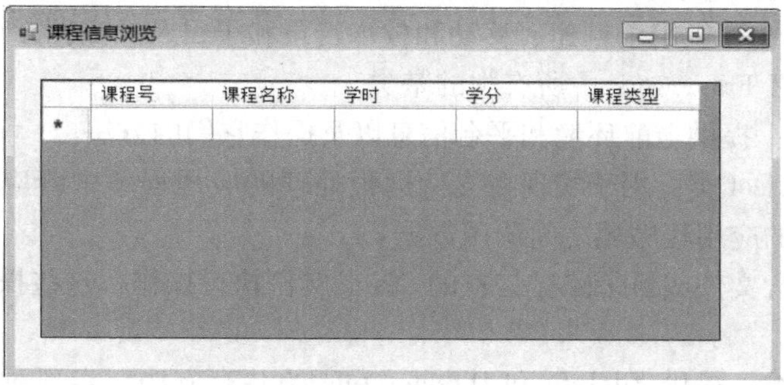

图 7-5 “课程信息浏览”界面

7.2 相关知识

7.2.1 文件操作常用类

在 System. IO 命名空间下提供了一系列进行文件、目录、数据流的操作的类，这些类可以分为两种：

- 与文件和目录等操作相关的类，如 File、Directory 和 Path 等；
- 基于流的文件操作类，如 FileStream、StreamWriter 和 StreamReader 等。

1. 与文件和目录等操作相关的类

System. IO 命名空间中提供了一些类，可管理文件系统和进行文件、目录操作，如复制、移动、删除文件和目录等。这些类之间的关系如图 7-6 所示。

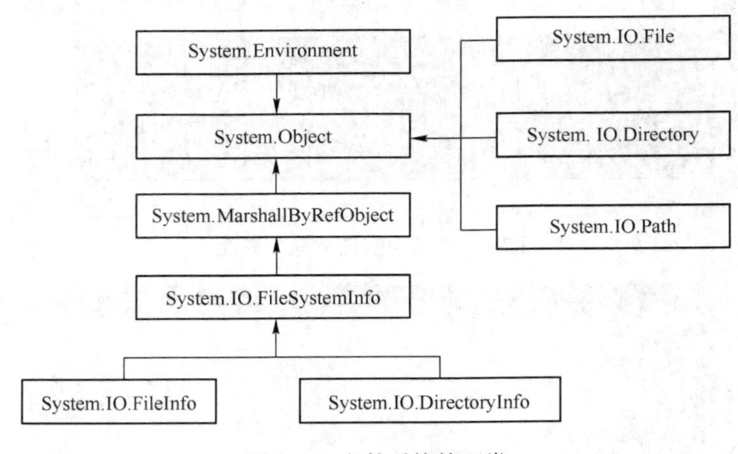

图 7-6 文件系统管理类

下面简单介绍这些类。

File 类：提供用于创建、复制、删除、移动和打开文件的静态方法。

FileInfo 类：提供创建、复制、删除、移动和打开文件的属性和实例方法。

Directory 类：提供用于创建、移动和枚举目录和子目录的静态方法。

DirectoryInfo 类：提供用于创建、移动和枚举目录和子目录的实例方法。

Object 类：.NET Framework 中所有类的基类。

Environment 类：提供当前环境和平台信息以及操作它们的方法。

MashallByRefObject 类：用于实现在支持远程处理的应用程序中跨应用程序域进行边界访问，可以在不同的应用程序域之间调用数据。

Path 类：对包含文件或目录路径信息的 String 实例执行操作。这些操作是以跨平台的方式执行的。

FileSystemInfo 类：提供 FileInfo 和 DirectoryInfo 的共有方法，实现对文件或目录进行操作，当不确定操作的对象是文件还是目录时使用 FileSystemInfo 就会很方便。

如欲获得这些类的详细使用方法，请参考 MSDN。

2. 基于流的文件操作类

流是字节序列的抽象概念，它提供了一种向后备存储器写入字节和从后备存储器读取字节的方式，所以可以把流看作一种数据的载体，通过它可以实现数据交换和传输。后备存储器可以为多种存储媒介之一，数据流也有多种，比如文件流、网络流和内存流等。

.NET 框架类库中定义了抽象基类 Stream，所有表示流的类都是从 Stream 类派生的。Stream 类及其派生类提供数据源和存储库的常见视图，使程序员不必了解操作系统和基础设备的具体细节。

.NET 框架类库在 System. IO 命名空间中定义了一系列进行文件和流操作的类，它们之间的关系如图 7-7 所示。

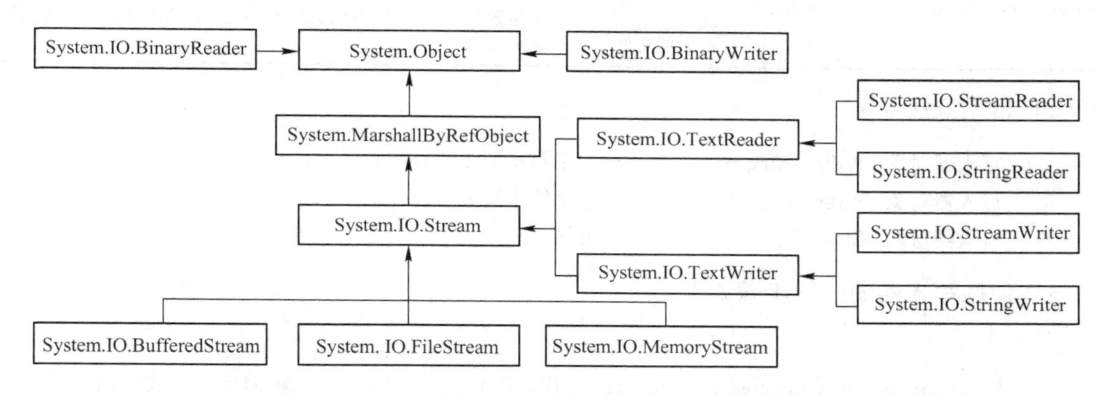

图 7-7　文件和流类

其中，BinaryReader 和 BinaryWriter 类用于读取和写入二进制数据。StreamReader 和 StreamWriter 类用于文本文件的读写。

重点介绍一下 FileStream 类、StreamWriter 和 StreamReader 类的使用。

(1) FileStream 类的使用

FileStream 类是专门进行文件操作的 Stream，支持同步、异步读写操作。

FileStream 类的常用构造函数原型为：

```
public FileStream (string path,FileMode mode)
```

参数含义如下。

- path：当前 FileStream 对象将封装的文件的相对路径或绝对路径。
- mode：FileMode 常数，确定如何打开或创建文件。

FileMode 为枚举类型，取值见表 7-1。

表 7-1　FileMode 的取值

枚 举 值	说　明
OpenOrCreate	打开文件，如果文件不存在，创建新文件
Create	创建新文件，如果文件已存在，覆盖原文件
Open	打开现有文件，如果文件不存在，引发异常

（2）StreamWriter 类的使用

StreamWriter 类负责文本文件的写入，所以叫作写入器。

1）常用构造函数。StreamWriter 类的常用构造函数见表 7-2。

表 7-2　StreamWriter 的常用构造函数

名　称	说　明
StreamWriter(Stream)	用 UTF-8 编码及默认缓冲区大小，为指定的流初始化 StreamWriter 类的一个新实例
StreamWriter(String)	使用默认编码和缓冲区大小，为指定路径上的指定文件初始化 StreamWriter 类的新实例
StreamWriter(String,Boolean,Encoding)	使用指定编码和默认缓冲区大小，为指定路径上的指定文件初始化 StreamWriter 类的新实例。如果该文件存在，则可以将其改写（第 2 个参数为 false）或向其追加（第 2 个参数为 true）。如果该文件不存在，则此构造函数将创建一个新文件

2）常用方法如下。

```
写入器对象.Write(string);        //把字符串写入文件
写入器对象.WriteLine(string);    //把字符串写入文件然后换行
写入器对象.Close();              //关闭
```

3）使用写入器的一般步骤如下。

方法 1：

```
FileStream fs = new fileStream(@"c:\one.txt",FileMode.Create);//以新创建的方式实例化文件流
                                                              //对象
```

文件路径说明：描述文件路径的字符串中需要用到“\”字符，而“\”字符为转义字符，两种解决方法：①用“\\”代替“\”；②在字符串前加“@”，表示取消字符串中的转义字符含义。

```
StreamWriter sw = new StreamWriter(fs);//在这个文件流上创建写入器对象
sw.Write(message);                     //利用 Write 方法写入字符串
sw.Close();                            //关闭写入器
fs.Close();                            //关闭文件流
```

方法 2：

```
StreamWriter sw = new StreamWriter("c:\\one.txt",false,Encoding.Default);//根据文件名创建写入
器对象
```

说明：构造函数中第二个参数表示若文件存在，是改写还是追加。false 表示改写，true 表示追加。第三个参数指定编码，使用 Encoding.Default 表示使用和系统一致的字符编码。

```
sw.Write(message);      //利用 Write 方法写入字符串
sw.Close();             //关闭写入器
```

（3）StreamReader

StreamReader 负责文本文件的读取，所以叫作读取器。

1）常用构造函数。StreamReader 类的常用构造函数见表 7-3。

表 7-3　StreamReader 的常用构造函数

名　称	说　明
StreamReader(Stream)	为指定的流初始化 StreamReader 类的新实例
StreamReader(String)	为指定的文件名初始化 StreamReader 类的新实例
StreamReader(string,Encoding)	用指定的字符编码，为指定的文件名初始化 StreamReader 类的一个新实例

2）常用方法如下。

```
//读取文件流中的下一个字符或下一组字符(重载,参数指定读取个数)
string 变量名 = 读取器对象 . Read( );
//从文件流中读取一行字符并将数据作为字符串返回
string 变量名 = 读取器对象 . ReadLine( );
//从文件流的当前位置读到末尾返回字符串
string 变量名 = 读取器对象 . ReadToEnd( );
读取器对象 . Close( );  //关闭
```

3）使用读取器的一般步骤如下。

方法 1：

```
//以新创建的方式实例化文件流对象
FileStream fs = new fileStream(@ "c:\\one. txt",FileMode. Create);
//在这个文件流上创建读取器对象
StreamReader sr = new StreamReader (fs);
String message = sr. ReadToEnd( );//读取文件的所有内容
sr. Close( );      //关闭读取器
fs. Close( );      //关闭文件流
```

方法 2：

```
//根据文件名创建读取器对象
StreamReader sr = new StreamReader ("c:\\one. txt",Encoding. Default);
说明:构造函数中第二个参数用于指定编码,使用 Encoding. Default 表示使用和系统一致的字符编码。
String message = sr. ReadToEnd( );//读取文件的所有内容
sr. Close( );                    //关闭读取器
```

7.2.2　打开保存通用对话框

.NET Framewok 类库中提供了打开文件、保存文件、打印等通用对话框。这里仅介绍打开文件和保存文件通用对话框。

1. 打开文件通用对话框

打开文件通用对话框对应的类名为 OpenFileDialog。

（1）主要成员

OpenFileDialog 类的构造函数原型为：

```
public OpenFileDialog( )
```

它的常用属性和方法见表7-4。

表 7-4　OpenFileDialog 的主要属性和方法

属　性	说　明
FileName	获取文件路径
Filter	获取或设置当前文件名筛选器字符串，该字符串决定对话框的“另存为文件类型”或“文件类型”框中出现的选择内容
Title	设置或获取标题
AddExtension	获取或设置一个布尔值，该值指示如果用户省略扩展名，对话框是否自动在文件名中添加扩展名
方　法	**说　明**
publicDialogResult ShowDialog( )	运行通用对话框。如果用户在对话框中单击“打开”，则返回值为 DialogResult. OK；否则为 DialogResult. Cancel

补充 Filter 属性：对于每个筛选选项，筛选器字符串都包含筛选器说明，后接条一垂直线（|）和筛选器模式。不同筛选选项的字符串由垂直线隔开。例如文件类型为 txt 或所有文件，则 Filter 属性设置为:"Text files（＊. txt）|＊. txt|All files（＊. ＊）|＊. ＊"。

通过使用分号来分隔文件类型，可将多个筛选器模式添加到筛选器中，例如文件类型为 BMP、JPG、GIF 或所有文件，则 Filter 属性设置为"Image Files(＊. BMP;＊. JPG;＊. GIF)|＊. BMP;＊. JPG;＊. GIF|All files（＊. ＊）|＊. ＊"。

（2）一般使用步骤

```
OpenFileDialog dlg = new OpenFileDialog( );
dlg. Title =“打开文件”;
dlg. Filter =“Text files（＊. txt）|＊. txt|All files（＊. ＊）|＊. ＊”;
if( dlg. ShowDialog( )  ==  DialogResult. ok)
{
    string filename = dlg. FileName;
}
```

2. 保存文件通用对话框

保存文件通用对话框对应的类名为 SaveFileDialog。

（1）主要成员

SaveFileDialo 类的构造函数原型为：

```
public SaveFileDialog( )
```

OpenFileDialog 中的常用属性和方法同样适用于 SaveFileDialog。

（2）一般使用步骤

```
SaveFileDialog dlg = new SaveFileDialog( );
dlg. Filter = "txt file( ＊. txt) |＊. txt|all files( ＊. ＊ ) |＊. ＊";
dlg. AddExtension = true;
if (dlg. ShowDialog( )  ==  DialogResult. OK)
```

```
{
    string strFile = dlg. FileName;
}
```

7.2.3 泛型集合类 List <T>

1. 概述

泛型集合 List <T> 是最常用的一种集合类，它相当于动态数组，即集合中每个元素的数据类型都相同，并且集合中元素可以动态增加。它保留了数组的优点，集合中每个元素的数据类型都相同，也摒弃了数组的缺点。定义数组时长度必须指定，但定义泛型集合对象时，不必指定集合中的元素个数。

2. 基本使用

（1）定义一个泛型集合对象

语法：

```
List <具体类型名称>  对象名 = new List <具体类型名称> ( );
```

说明：< > 中的类型名称决定了集合中每个元素的类型，任何类都可以。

例如：定义一个整型集合，代码如下：

```
List <int>    list = new List <int> ( );
```

（2）向集合中增加元素

语法：

```
泛型集合对象 . Add(元素)
```

例如：向 list 中增加一个整型变量 i。代码如下：

```
list. Add(i)
```

7.2.4 数据显示控件 DataGridView

1. 概述

DataGridView 控件用于显示多行多列数据。

2. 基本使用

数据源是什么，就显示什么数据。数据源一般是泛型集合对象，或者后面介绍的数据集。通过设置 DataGridView 的 DataSource 属性来设置数据源。

语法：

```
DataGridView 对象 .  DataSource = 数据源对象
```

例如：DataGridView 对象显示泛型集合对象 list 中的数据。代码如下：

```
DataGridView 对象 .  DataSource = list;
```

当控件的 AutoGenerateColumns 为 true 时，DataGridView 会使用与绑定数据源中包含的数

据类型相应的默认列类型自动生成列，也可以将 AutoGenerateColumns 属性设置为 false，手动添加列，灵活设置列的属性，最重要的是将列的 DataPropertyName 属性设置为数据源中对应属性或数据库列，指定每列显示的数据。

关于 DataGidView 控件的详细使用请参考后面任务 8 中相关介绍。

7.3 任务实现

7.3.1 创建项目及主界面实现

1. 创建项目

启动 Visual Studio 2013，单击“文件”→“新建”→“项目”命令，在打开的“新建项目”对话框中，选择“Windows 窗体应用程序”，输入项目名称“StudentScore_File”，并选择项目位置。

2. 主界面实现

添加主窗体，并添加菜单和编写相应的代码。具体步骤如下。

（1）添加主窗体

在项目中添加一个窗体，命名为 FrmMain。要成为主窗体，必须将 IsMdiContainer 属性设置为 True。

（2）在主窗体中添加菜单

先添加“学生信息管理”一项，包括“学生信息添加”和“学生信息浏览”两个子项，如图 7-1 所示。课程类似。

（3）编写代码

1）在菜单项“学生信息添加”的 Click 事件处理方法中编写如下代码：

```
private void 学生信息添加 ToolStripMenuItem_Click( object sender, EventArgs e)
{
    FrmStudentInsert frm = new FrmStudentInsert( );//FrmStudentInsert 为学生信息添加窗体对应的类名
    frm. MdiParent = this;
    frm. Show( );
}
```

2）在菜单项“学生信息浏览”的 Click 事件处理方法中写如下代码：

```
private void 学生信息浏览 ToolStripMenuItem_Click( object sender, EventArgs e)
{
    FrmStudentDisplay frm = new FrmStudentDisplay ( );//FrmStudentDisplay 为学生信息浏览窗体对
应的类名
    frm. MdiParent = this;
    frm. Show( );
}
```

“课程信息管理”功能的实现和“学生信息管理”的实现类似，不再赘述。

7.3.2 学生信息添加

1. 确定文件格式

每条学生记录占一行，每条学生记录以

学号值;姓名值;性别值;出生年月值;班级值;籍贯值

格式存储。当然格式不唯一，这样定制格式提取信息时较容易。

2. 设计界面

（1）添加“学生信息添加”窗体

具体步骤如下。

1）选择菜单中的“项目 -> 添加 Windows 窗体…”选项，或在“解决方案资源管理器”中选中项目“StudentFrame_File”右击，在弹出的快捷菜单中选择“添加 -> Windows 窗体…”选项，打开“添加新项”对话框。

2）在“添加新项”对话框中，将窗体文件命名为“FrmStudentInsert. cs”，单击“添加”按钮，在“StudentFrame_File”项目中就添加了一个窗体。

（2）设计“学生信息添加”窗体

具体步骤如下。

1）按图 7-2 所示在此窗体中添加控件。

2）按表 7-5 所示在“属性面板”中修改窗体和控件的属性。

表 7-5 窗体及控件属性

名　称	含　义	类　型	属　性
FrmStudentInsert	“学生信息添加”窗体	Form	Name：FrmStudentInsert Text：添加学生信息
txtSNo	学号	TextBox	Name：txtSNo
txtSName	姓名	TextBox	Name：txtSName
txtClass	班级	TextBox	Name：txtClass
rboMale	男	RadioButton	Name：rboMale Check：True Text：男
rboFemale	女	RadioButton	Name：rboFemale Check：False Text：女
txtBirthday	出生年月	TextBox	Name：txtBirthday
cboProvince	籍贯	ComboBox	Name：cboProvince Items：山东 北京 广东 福建 （自行扩充）
btnSave	保存	Button	Name：btnSave
btnCancel	取消		Name：btnCancel

3. 编写代码

（1）添加命名空间

在“学生信息添加”窗体的设计界面下，在窗体内右击，弹出快捷菜单，选择“查看代码”选项，进入窗体对应的代码文件。在引用命名空间处添加命名空间。

```
using System.IO;
```

（2）编写“保存”按钮的 Click 事件处理方法

1）验证数据的合理性，代码同窗体编程，此处不再重复。

2）提取学生信息至一个字符串中，属性和属性之间用";"分隔。

```
string mess = txtSNo.Text + ";" + txtSName.Text + ";";
string gender = null;
if (rboMale.Checked)
{
    gender = "男";
}
else
{
    gender = "女";
}
mess += gender + ";";
mess += txtBirthday.Text + ";";
mess += txtClass.Text + ";";
mess += cboProvince.Text;
```

3）设置文件路径，若未设置，则让用户选择，否则用上次已选好的路径（filePath 为数据成员）。

```
if (string.IsNullOrEmpty(filePath))
{
    SaveFileDialog dlg = new SaveFileDialog();
    dlg.Filter = "txt file(*.txt)|*.txt";
    dlg.AddExtension = true;
    if (dlg.ShowDialog() == DialogResult.OK)
    {

        filePath = dlg.FileName;
    }
}
```

4）将学生记录保存至文件中。

```
if (!string.IsNullOrEmpty(filePath))
{
    StreamWriter writer = new StreamWriter(filePath, true, Encoding.Default);
```

```
        writer.WriteLine(mess);
        writer.Close();
        MessageBox.Show("保存成功");
    }
```

课程添加和学生信息添加类似，请读者自行完成。

7.3.3 学生信息浏览

主要思想：读取保存学生信息的文本文件，每读取一行就读出一个学生的信息，利用字符串分割函数将每个学生的信息保存到一个 Student 实体类中，再将 Student 实体类对象添加到泛型集合 List <Student> 中，最后设置 DataGridView 控件的数据源为泛型集合对象。

1. 设计界面

在项目中添加一个窗体，命名为 FrmStudentDisplay.cs。在 FrmStudentDisplay 窗体下拖放一个 DataGridView 控件，控件名称为 dgvStudents。

2. 编写代码

（1）创建 Student 实体类

在项目中新建一个类 Student，源文件命名为 Student.cs。类中属性和学生的基本信息一致。代码如下：

```
public class Student
{
    string sno;
    public string Sno
    {
        get {return sno;}
        set {sno = value;}
    }
    string sname;
    public string Sname
    {
        get {return sname;}
        set {sname = value;}
    }
    string gender;
    public string Gender
    {
        get {return gender;}
        set {gender = value;}
    }
    string classid;
    public string Classid
    {
        get {return classid;}
```

```
            set { classid = value; }
        }
        string birthday;
        public string Birthday
        {
            get { return birthday; }
            set { birthday = value; }
        }
    string province;
        public string Province
        {
            get { return province; }
            set { province = value; }
        }
    }
```

（2）从文件中读取学生信息放入泛型集合 List<Student>对象中

在 FrmStudentDisplay 界面下添加一个私有方法 GetDataFromFile，代码如下：

```
    private List<Student> GetDataFromFile()
    {
        List<Student>  list = new List<Student>();
        string filePath = null;

        OpenFileDialog dlg = new OpenFileDialog();
        dlg.Filter = "txt file(*.txt)|*.txt";
        if (dlg.ShowDialog()  ==  DialogResult.OK)
        {
            filePath = dlg.FileName;
        }
        if (! string.IsNullOrEmpty(filePath))
        {
            StreamReader reader = new StreamReader(filePath, Encoding.Default);
            string mess = null;
            while ((mess = reader.ReadLine())! = null)
            {
                char[] split = new char[1]{';'};
                string[] str = mess.Split(split);

                Student student = new Student();
                student.Sno = str[0];
                student.Sname = str[1];
                student.Gender = str[2];
                student.Birthday  = str[3];
```

```
                student. Classid = str[4];
                student. Province = str[5];
                list. Add(student);
            }
        }
        return list;
    }
```

（3）显示

在窗体的 Load 事件处理方法中调用上述方法 GetDataFromFile，并将泛型集合绑定到 dgvStudents 控件中。

```
private void FrmStudentDisplay_Load(object sender, EventArgs e)
{
    List < Student >  list = GetDataFromFile();
    dgvStudents. DataSource = list;
}
```

（4）修改 dgvStudents 控件的列标题为中文

手动编辑 dgvStudents 控件的列，具体步骤如下。

1）右击 dgvStudents 控件，在弹出的快捷菜单中选择“编辑列…”选项或直接从属性面板中选择“columns”，弹出“编辑列”窗体，单击“添加”按钮，弹出“添加列”窗体，如图 7–8 所示。

图 7–8　手动添加列

2）页眉文本就是列标题，把页眉文本修改为“学号”，单击“添加”按钮后，能继续增加新的列，再添加 5 个列，依次对应姓名、班级、性别、出生年月和籍贯。

3）添加完列之后单击“取消”按钮，回到“编辑列”窗体。修改列的外观、数据等属性。最重要的是将列的 DataPropertyName 属性设置为数据源中的属性名，从而指定 DataGridView 中每列显示的数据。在本项目中，dgvStudents 控件的数据源是一个 List < Student > 的对象，每列显示的数据就是 Student 对象中的属性值。例如将学号这一列的 DataPropertyName 设置为实体类 Student 中的 Sno 属性，如图 7–9 所示。其他一一对应。

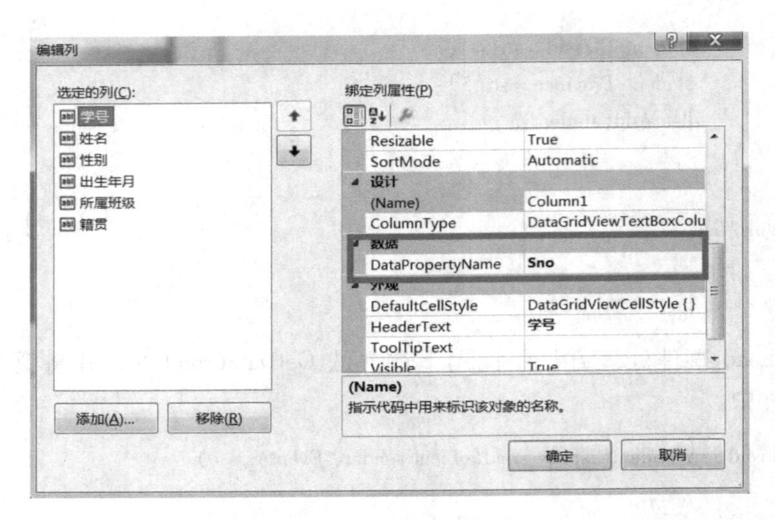

图 7-9　绑定列

课程信息浏览和学生信息浏览类似，请读者自行完成。

7.4　小结

1. StreamReader 类用于文本文件的读取，StreamWriter 类用于文本文件的写入。
2. OpenFileDialog 是打开文件的通用对话框对应的类，SaveFileDialog 是保存文件的通用对话框对应的类。
3. 泛型集合 List <T>相当于一种动态数组。
4. DataGridView 控件用于显示多行多列数据。

7.5　习题

1. 选择题

（1）为了向标准文本文件中写入信息，应使用（　　）来操作文件。

A. StreamReader　　B. StreamWriter
C. BinaryReader　　D. BinaryWriter

（2）OpenFileDialog 的（　　）属性表示选定的文件名。

A. AddExtension　　B. Filename
C. Filter　　D. Title

（3）saveFileDialog 为 SaveFileDialog 的对象，为检查用户是否单击了“保存”按钮而退出该对话框，应检查 saveFileDialog. ShowDialog( )的返回值是否等于（　　）。

A. DialogResult. OK　　B. DialogResult. Cancel
C. DialogResult. Yes　　D. DialogResult. No

2. 填空题

（1）在 C#中，＿＿＿＿＿＿类用来进行文本文件的读取，＿＿＿＿＿＿类用来进行文本文件的写入。

（2）在窗体设计中，一般用________控件显示多行多列数据。

（3）StreamWriter 的________方法可以向文本文件写入一行带回车和换行的字符串。

7.6 实训任务

利用 StreamReader 和 StreamWriter 类编写一个简单的文本编辑器。

任务8　数据库编程——学生成绩管理系统

本章以“学生成绩管理系统”为项目载体，以“SQL Server 2012”为后台，讲解 C#的数据库编程。通过本章的学习，使读者：

- 掌握 ADO. NET 中 SQLConnection、SQLCommand、SQLDataReader、SQLDataAdapter 和 DataSet 的使用；
- 掌握常用控件 DataGridView 的使用；
- 学会利用 ADO. NET 对象模型实现对数据库中数据的添加、查询、修改和删除功能；
- 掌握数据库应用系统开发的一般步骤。

8.1 “学生成绩管理系统”需求分析

在“学生成绩管理系统”中，需要实现以下功能。

1）学生信息管理：查询、添加、修改和删除学生信息。

2）课程信息管理：查询、添加、修改和删除课程信息。

3）成绩管理：查询、添加、修改和删除成绩信息。

4）综合查询统计：根据学生姓名或学号查询学生的基本信息和选课信息，根据课程号或课程名称查询选课的学生基本信息和成绩；统计班级人数，统计课程的最高分等。

其中，学生信息包含学号、姓名、所属班级、性别、出生年月和籍贯。学号、姓名和所属班级不能为空。课程信息包含课程号、课程名称、课程学时、课程学分和课程类型，课程类型取值只能为必修课和选修课两种。

8.2 “学生成绩管理系统”数据库设计和界面设计

8.2.1 数据库设计

根据需求分析，完成对数据库的设计。数据库中包含三个表，分别是学生信息表，课程信息表和学生成绩表。三个表结构见表 8-1 ~ 表 8-3。

（1）学生信息表

表 8-1　学生信息表（Students）

列名	数据类型（精度范围）	空/非空	约束条件	说明
sno	char(8)	非空	主键	学号
sname	nchar(4)	非空		学生姓名
classid	char(6)	非空		所属班级

（续）

列名	数据类型(精度范围)	空/非空	约束条件	说明
gender	nchar(1)	空	男或女	性别
birthday	date	空		出生年月
province	nchar(10)	空		籍贯

（2）课程信息表

表 8-2　课程信息表（Courses）

列名	数据类型（精度范围）	空/非空	约束条件	说　明
cno	char(10)	非空	主键	课程号
cname	nvarchar(20)	非空		课程名称
period	int	空		课程学时
credit	tinyint	空		课程学分
ctype	nchar(2)	空	必修或选修	课程类型

（3）学生成绩表

表 8-3　学生成绩表（Score）

列　名	数据类型(精度范围)	空/非空	约束条件	说　明
sno	char(8)	非空	主键	学号
cno	char(10)	非空		课程号
grade	int	空	[0,100]	成绩

外　键	子	父
FK_Score_Students	sno	students. sno
FK_Score_Courses	cno	courses. cno

8.2.2　界面设计

学生成绩管理系统的界面设计如下。

（1）主界面

主界面如图 8-1 所示。根据菜单项打开对应的窗体。

（2）学生信息浏览界面

学生信息浏览界面如图 8-2 所示。显示全部学生信息。选中学生记录后，单击“删除”按钮将选中的记录删除。单击“添加”按钮，打开“学生信息添加”界面，如图 8-3 所示。选中一条学生记录，单击“修改”按钮，打开“学生信息添加”界面。

（3）学生信息添加修改界面

学生信息添加和修改使用同一个界面，如图 8-3 所示。若为修改操作，则显示修改前的值。

课程信息管理和成绩管理模块可作为课后任务，学生自行完成。

要完成学生成绩管理系统，需要先学习数据库编程。

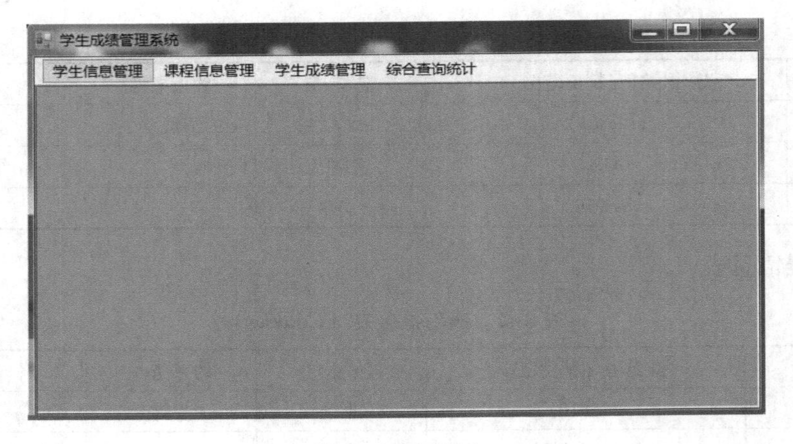

图 8-1　主界面

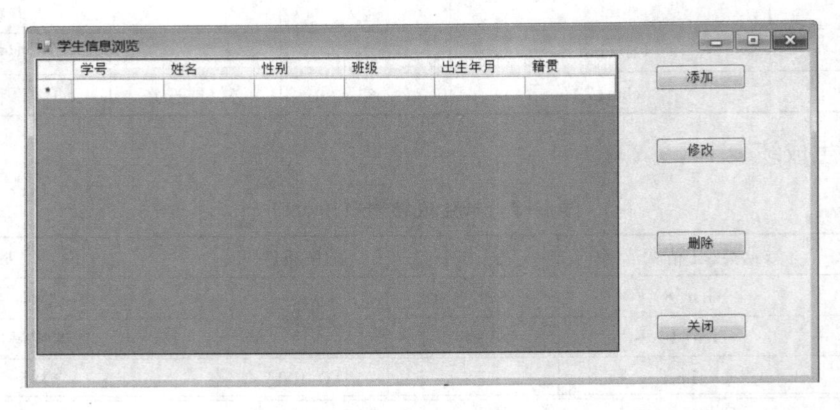

图 8-2　学生信息浏览界面

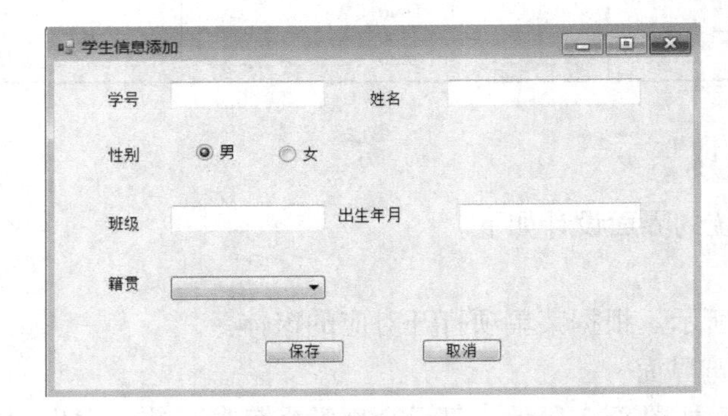

图 8-3　学生信息添加修改界面

8.3　相关知识

8.3.1　ADO.NET 简介

前台应用程序怎么访问后台数据库呢？.NET 平台提供的各种语言包括 C#语言使用

ADO.NET 来访问数据库。

ADO.NET 是 .NET Framework 提供的一种应用程序访问数据库的方法和技术，是一组用于和数据源进行交互的面向对象类库。它提供了对关系数据、XML 和应用程序数据的访问。ADO.NET 支持多种开发需求，包括创建由应用程序、工具、语言或 Internet 浏览器使用的前端数据库客户端和中间层业务对象。

下面介绍 ADO.NET 组件的构成和访问数据库的方式。

1. ADO.NET 组件

ADO.NET 中主要包含两大组件：

- .NET Framework 数据提供程序；
- DataSet。

（1）.NET Framework 数据提供程序

.NET Framework 数据提供程序用于连接数据库、执行命令和检索结果，它的核心元素是 Connection 对象、Command 对象、DataReader 对象和 DataAdapter 对象。Connection 对象称为数据库连接对象，提供与数据源的连接。Command 对象称为数据库命令对象，封装了所有对数据源的操作（包括增、删、查、改等与存储过程），并在执行完成后返回合适的结果。DataReader 对象称为只读器对象，从数据源中提供快速的、只读的数据流。DataAdapter 称为数据适配器对象，提供连接 DataSet 对象和数据源的桥梁。DataAdapter 使用 Command 对象在数据源中执行 SQL 命令，以便将数据加载到 DataSet 中，并使对 DataSet 中数据的更改与数据源保持一致。

为了访问不同类型的数据源，.NET Framework 提供了四种数据提供程序：SQL Server .NET数据提供程序，Oracle .NET 数据提供程序，ODBC .NET 数据提供程序和 OLE DB .NET 数据提供程序，分别提供对 SQL Server 数据库、Oracle 数据库、ODBC 公开的数据源和 OLE DB 公开的数据源的访问。表 8-4 列出了不同数据提供程序所对应的命名空间和对应的对象。

表 8-4　不同类型数据提供程序

数据提供程序	说　明	命 名 空 间	对应的 *** 对象
SQL Server .NET 数据提供程序	SQL Server 数据库	System. Data.SqlClient	Sql ***
Oracle .NET 数据提供程序	Oracle 数据库	System. Data. OracleClient	Oracle ***
ODBC .NET 数据提供程序	ODBC 公开的数据源	System. Data. Odbc	Odbc ***
OLE DB .NET 数据提供程序	OLE DB 公开的数据源	System. Data. OleDb	OleDb ***

（2）DataSet

数据集对象 DataSet 是 ADO. NET 的断开式（无连接）结构的核心组件，为了实现独立于任何数据源的数据访问，可将其视为从数据库检索出的数据在内存中的缓存。它可以用于不同的数据源，包括 XML 数据源、远程的或本地的数据库。DataSet 包含一个或多个 DataTable 对象的集合，这些对象由数据行和数据列以及有关 DataTable 对象中数据的主键、外键、约束和关系信息组成。

2. ADO.NET 访问数据库的两种方式

ADO.NET 作为应用程序和数据库之间的桥梁，提供了两种访问数据库的连接方式：一种为直连接，即通过 Connection 对象和数据库建立连接，再通过 Command 操作数据库，如果查询多行多列数据，放在 DataReader 对象中进行读取。ADO. NET 在访问数据时，和数据库的连接始终是打开的。另一种为无连接，即通过 DataAdapter 将数据搬运到 DataSet，和数据库不需要再保持连接状态，所有对数据的修改在 DataSet 中完成，再通过适配器更新数据库。两种连接方式的工作过程如图 8-4 所示。

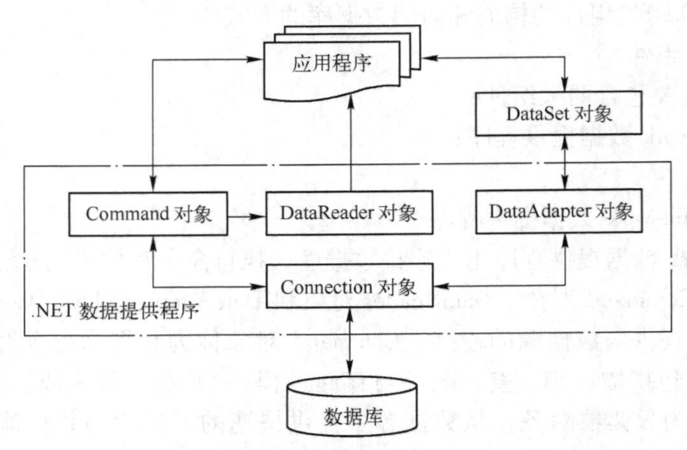

图 8-4　ADO.NET 操作数据库结构图

8. 3. 2　ADO.NET 对象模型的基本使用

本书使用 Microsoft SQL Server 2012 作为后台数据库，所以重点讲解 SQL Server .NET 数据提供程序中四个对象和 DataSet 对象的常用方法和属性。其他数据提供程序中的对象用法类似，不再赘述。

1. 连接对象 SqlConnection

SqlConnection 负责和 SQL Server 数据库的连接。

（1） 主要属性和方法

它的主要属性和方法见表 8-5。

表 8-5　连接对象的主要属性和方法

属　性	说　明
ConnectionString	连接数据库的连接字符串

方　法	说　明
Open( )	打开数据库的连接
Close( )	关闭数据库的连接

其中连接字符串是固定格式，和所使用的身份验证方法有关。若为 SQL Server 身份验证，连接字符串中需要包含连接的服务器名、数据库名、登录账号和密码四部分信息，有两种书写格式：

- **Data source = 服务器名;Initial Catalog = 数据库名;User Id = 用户名;pwd = 密码**
- **Server = 服务器名;database = 数据库名;uid = 用户名;pwd = 密码**

若为 Windows 身份验证，连接字符串的格式为：

Server = 服务器名;database = 数据库名;integrated security = true

连接对象的构造函数见表 8-6。

表 8-6　连接对象的构造函数

构造函数	说　明
SqlConnection( )	无参构造函数
SqlConnection (string connectionString)	提供连接字符串的构造函数

（2）使用连接对象的一般步骤

1）引用命名空间 System. Data. SqlClient：

```
using System. Data. SqlClient;
```

说明：使用 SQL Server . NET 数据提供程序中四个对象需要引用命名空间 System. Data. SqlClient。关于此点下面不再赘述。

2）创建连接对象：

```
SqlConnection 连接对象名 = new SqlConnection(连接字符串);
```

3）打开数据库连接：

```
连接对象名 . Open( );
```

4）关闭数据库连接：

```
连接对象名 . Close( );
```

打开数据库连接时，可能引发异常，所以需要使用异常处理语句。具体见例 8-1。

【**例 8-1**】编写代码连接数据库，已知服务器名为 nature，数据库为 StudentScore，登录账号为 adm，密码为 123456。

```
string connStr = "server = nature;database = StudentScore;uid = adm;pwd = 123456";
SqlConnection conn = new SqlConnection(connStr);
try
{
    conn. Open( );
}
catch(Exception)
{
    throw;
}
finally
{
    if(conn. State == ConnectionState. Open)// ConnectionState 在 System. Data 命名空间中
      conn. Close( );
}
```

注意：打开数据库连接，使用完后一定要关闭。

不过，如果在 using 语句中创建数据库连接对象则不需要显式关闭，因为使用 using 语句能自动释放对象和关闭连接。使用方法如下所示：

```
string connStr = "server = nature;database = StudentScore;uid = adm;pwd = 123456";
using(SqlConnection conn = new SqlConnection(connStr))
{
    try
    {
        conn.Open();
    }
    catch(Exception)
    {
        throw;
    }
}
```

2. 命令对象 SqlCommand

SqlCommand 对象提供对 SQL Server 数据库命令的访问，这些命令可用于查询数据、修改数据、运行存储过程等。

（1）主要属性和方法

SqlCommand 的主要属性和方法见表 8-7。

表 8-7　命令对象的主要属性和方法

属　　性	说　　明
Connection	Command 对象使用的数据库连接对象
CommandText	执行的 SQL 语句
方　　法	说　　明
ExecuteNonQuery()	执行增删改的语句，返回 -1 表示执行失败，非 -1 的值表示执行成功
ExecuteReader()	执行查询语句，返回 DataReader 对象
ExecuteScalar()	执行查询语句，只能返回单个查询结果

如果执行查询语句，且获得单一值，则使用 ExecuteScalar 方法；如果执行查询语句，返回结果集，则使用 ExecuteReader 方法；执行其余 T-SQL 语句都可使用 ExecuteNonQuery 方法，比如增删改语句或调用存储过程等。

SqlCommand 常用构造函数见表 8-8。

表 8-8　命令对象的常用构造函数

构 造 函 数	说　　明
SqlCommand()	无参构造函数
public SqlCommand (string cmdText, SqlConnection connection)	提供 T-SQL 语句和连接对象的构造函数

（2）使用命令对象的一般步骤

1）使用表示 T-SQL 语句的字符串和连接对象创建命令对象：

```
string sql = "T-SQL 语句";
SqlConnection 连接对象名 = new SqlConnection(连接字符串);
SqlCommand 命令对象名 = new SqlCommand(sql, 连接对象名);
```

2）打开数据库连接：

```
连接对象名.Open();
```

3）执行 SQL 命令：

```
命令对象名.Execute***()//根据不同的sql语句调用不同的方法
```

说明：ExecuteNonQuery 方法返回受影响的行数；ExecuteScalar 方法返回 object 类型的单个查询结果；ExecuteReader 方法则返回下面马上要介绍的只读对象 SqlDataReader。

4）关闭数据库连接：

```
连接对象名.Close();
```

3. 只读对象 SqlDataReader

SqlDataReader 提供一种从 SQL Server 数据库读取行的只进流的方式。

（1）主要属性和方法

SqlDataReader 的主要属性和方法见表 8-9。

表 8-9　SqlDataReader 的主要属性和方法

属　性	说　明
HasRows	是否返回了查询结果，如果有返回 true，没有返回 false
FieldCount	当前行中的列数
方　法	**说　明**
Read()	读取下一行，如果读到数据返回 true，否则返回 false（返回 false 意味着读取完毕）
Close()	关闭 DataReader 对象

注意：若要创建 SqlDataReader，必须调用 SqlCommand 对象的 ExecuteReader 方法，而不要直接使用构造函数。所以在此不介绍它的构造函数。

（2）使用只读对象的一般步骤

1）创建连接对象和命令对象：

```
SqlConnection 连接对象名 = new SqlConnection(连接字符串);
SqlCommand 命令对象名 = new SqlCommand(查询语句字符串,连接对象名);
```

2）打开数据库连接：

```
连接对象名.Open();
```

3）Command 对象查询返回 DataReader 对象：

```
SqlDataReader 只读对象名 = 命令对象名 . ExecuteReader( );
```

SqlCommand 对象的 ExecuteReader 方法生成一个 SqlDataReader 对象，所以 SqlDataReader 对象不需要单独创建。

4）DataReader 对象的 Read( )方法读取一行数据。SqlDataReader 的默认位置在结果集的第一条记录前面。Read 方法使 SqlDataReader 前进到下一条记录。代码如下：

```
SqlDataReader 对象 . Read( );//读取一行数据
```

如果 Read 的返回值为 false，说明已没有数据可读；如果为 true，可以读取当前行的各个列信息。有三种读取方法：

- 列名：

```
SqlDataReader 对象 ["列名"]
```

- 列索引：

```
SqlDataReader 对象[列的索引]
```

注意：列索引是从零开始的。

以上两种方法读出来的都为 object 类型，读出来的数据还必须进行数据类型转换。

- SqlDataReader 的 Get 系列方法：SqlDataReader 提供了获取各种数据类型的列值的方法，如 GetString、GetInt32、GetDouble 等，直接读出相应的数据类型，不需要再进行转换。

如果返回为多行多列，则使用循环语句，分别获取每一行数据。代码如下：

```
while( SqlDataReader 对象 . Read( ) )
{
    string col1 = SqlDataReader 对象[0]. ToString( );
    int col2 = (int)SqlDataReader 对象[1];
    //获取其余列的值
}
```

5）关闭只读对象和数据库连接：

```
SqlDataReader 对象 . Close( );
连接对象名 . Close( );
```

对于每个关联的 SqlConnection，一次只能打开一个 SqlDataReader，在第一个关闭之前，打开另一个的任何尝试都将失败。所以，应使用完就马上关闭。

另外，在调用命令对象名 . ExecuteReader 方法时，可以使用参数 CommandBehavior. CloseConnection，表示在执行该命令时，如果关闭关联的 DataReader 对象，则关联的 Connection 对象也将关闭。代码如下：

```
SqlDataReader reader = cmd. ExecuteReader( CommandBehavior. CloseConnection);
```

使用完毕，关闭只读对象。

```
Reader 对象 . Close( );
```

再使用一个简单的示例来说明使用只读对象的一般步骤。

【例 8-2】 获取 Students 表中所有学生的信息。数据库信息同例 8-1。

分析：在实现之前，先解决一个问题：利用 SqlDataReader 从数据库中读取多行多列数据之后，怎么保存这些数据呢？

常用的方法是先创建一个和 Students 表结构类似的实体类，不妨命名为 Student 类，将结果集中的数据放入泛型集合 List < Student > 中。

实现：

1）创建实体类 Student。

```
public class Student
{
        string sno;
        public string Sno
        {
            get {return sno;}
            set {sno = value;}
        }
        string sname;
        public string Sname
        {
            get {return sname;}
            set {sname = value;}
        }
        string gender;
        public string Gender
        {
            get {return gender;}
            set {gender = value;}
        }
        string classid;
        public string Classid
        {
            get {return classid;}
            set {classid = value;}
        }
        DateTime? birthday;
        public DateTime? Birthday
        {
            get {return birthday;}
            set {birthday = value;}
        }
        string province;
        public string Province
```

```
        {
            get { return province; }
            set { province = value; }
        }
    }
```

2）利用 SqlDataReader 从数据库中读取多行多列数据之后放入泛型集合。不妨单独用一个方法实现。

```
private List < Student > GetStudents( )
{
    List < Student >  list = new List < Student > ( ) ;
    string connStr = " server = nature; database = StudentScore; uid = adm; pwd = 123456" ;
    using( SqlConnection conn = new SqlConnection( connStr) )
    {
        string sql = " select sno, sname, classid, gender, birthday, province from students" ;
        using ( SqlCommand cmd = new SqlCommand( sql, conn) )
        {
            try
            {
                conn. Open( ) ;
                SqlDataReader reader = cmd. ExecuteReader( ) ;
                while ( reader. Read( ) )
                {
                    Student student = new Student( ) ;
                    student. Sno = reader[ " sno" ]. ToString( ) ;
                    student. Sname = reader[ " sname" ]. ToString( ) ;
                    student. Classid = reader[ " classid" ]. ToString( ) ;
                    student. Gender = reader[ " gender" ]. ToString( ) ;
                    student. Birthday = ( DateTime) reader[ " birthday" ] ;
                    student. Province =  reader[ " province" ]. ToString( ) ;
                }
                reader. Close( ) ;
            }
            catch ( Exception)
            {
                throw;
            }
        }
    }
    return list;
}
```

4. 数据集对象 DataSet

DataSet 对象是支持 ADO.NET 的断开式、分布式数据方案的核心对象。DataSet 是数据的内存驻留表示形式，无论数据源是什么，它都会提供一致的关系编程模型。不妨把 DataSet 简单理解为一个将数据源中的数据保存在内存中的临时数据库。所以 DataSet 包含一个或多个 DataTable 对象的集合，这些对象由数据行和数据列以及有关 DataTable 对象中数据的主键、外键、约束和关系信息组成。

使用 DataSet 在数据库服务器和客户端应用程序之间建立了一种新的数据传递和操作方式。客户端向服务器请求数据，服务器把数据发送到数据集，数据集再把数据传递给客户端；客户端可直接修改数据集中的数据，数据集中修改后的数据提交给服务器。

由于 DataSet 支持对数据的断开操作，在频繁对数据进行修改的情况下使用 DataSet 对数据库的安全性和效率有显著提高。

关于 DataSet 的具体使用和适配器一起介绍。

是谁把数据库中的数据填充到 DataSet 中，又是谁把 DataSet 中修改后的数据提交到数据库？就是下面要介绍的适配器对象 SqlDataAdapter。

5. 适配器对象 SqlDataAdapter

SqlDataAdapter 是 DataSet 和 SQL Server 之间的桥接器，用于填充 DataSet 和更新数据源中的数据以匹配 DataSet 中的数据。

（1）主要属性和方法

SqlDataAdapter 的主要属性和方法见表 8-10。

表 8-10　SqlDataAdapter 的主要属性和方法

属　性	说　明
SelectCommand	从数据库查询数据的 Command 对象
方　法	**说　明**
Fill（DataSet dataSet，string srcTable）	从数据库查询数据并填充到 DataSet 对象的表中
Update（DataSet dataSet，string srcTable）	将 DataSet 对象中的数据保存回数据库中

构造函数见表 8-11。

表 8-11　SqlDataAdapter 的构造函数

构 造 函 数	说　明
SqlDataAdapter( )	无参构造函数
SqlDataAdapter(string selectString, SqlConnection selectConnection)	提供 select 语句 和 SqlConnection 对象的构造函数

（2）使用适配器对象的一般步骤

一般使用适配器填充数据集和把数据集中的数据保存回数据库。

填充数据集的一般步骤如下：

1）创建 DataSet。

```
DataSet set = new DataSet( );
```

2）创建连接对象 conn，指定表示查询语句的字符串 sql。

```
SqlConnection conn = new SqlConnection(连接字符串);
string sql = 查询语句;
```

3）创建适配器对象。

```
SqlDataAdapter adapter = new SqlDataAdapter(sql,conn);
```

4）将查询结果填充到 DataSet 的 DataTable 对象中，表名命名为 student。

```
adapter. Fill(set, "student");
```

在 DataSet 中添加数据：

```
DataRow row = DataSet 对象 . Tables["表名"]. NewRow();
row["列名"] = 值;
DataSet 对象 . Tables["表名"]. Rows. Add(row);
```

在 DataSet 中修改数据：

```
DataSet 对象 . Tables[表名]. Rows[行索引][列名或列索引] = 值;
```

在 DataSet 中删除数据：

```
DataSet 对象 . Tables["表名"]. Rows[行索引]. Delete();
```

保存把数据集中的数据保存回数据库的一般步骤如下：

1）通过一个适配器对象 adapter 填充数据集对象 set。

2）在 set 中添加、修改或删除数据。

3）创建 SqlCommandBuilder 对象。

```
SqlCommandBuilder builder = new SqlCommandBuilder(adaptetr);
```

SqlCommandBuilder 根据适配器的 Select 语句自动生成相应的 Insert、Update 和 Delete 语句，用于将对 DataSet 所做的修改与关联的 SQL Server 数据库的修改相协调。

4）提交数据库。

```
adapter. Update((set,"表名");
```

8.3.3 显示控件 DataGridView

DataGridView 控件可以显示和编辑表格式的数据，而这些数据可以取自多种类型的数据源。

1. DataGridView 控件的结构与常用属性

DataGridView 控件由两种基本类型的对象组成：单元格和带区（band）。所有单元格都是从 DataGridViewCell 基类派生的。两种类型的带区（DataGridViewColumn 和 DataGridViewRow）都是从 DataGridViewBand 基类派生的。

DataGridView 控件可以与多个类进行互操作，但最常用的类为 DataGridViewColumn、DataGridViewRow 和 DataGridViewCell。

（1）DataGridViewColumn

DataGridViewColumn 表示 DataGridView 控件中的列。可以使用 DataGridView 的 Columns 属性访问 DataGridView 控件的列。可以使用 SelectedColumns 集合访问选定的列。Columns 和

SelectedColumns 属性都是 DataGridViewColumn 类的集合。

（2） DataGridViewRow

DataGridViewRow 表示 DataGridView 控件中的行。通过使用 DataGridView 的 Rows 属性可以访问 DataGridView 控件的行。通过使用 SelectedRows 集合可以访问选定的行。Rows 和 SelectedRows 属性都是 DataGridViewRow 类的集合。

（3） DataGridViewCell

DataGridViewCell 表示 DataGridView 的单元格。单元格是 DataGridView 的基本交互单元，一个典型的单元格包含所在行和列的特定数据。通过使用 DataGridViewRow 类的 Cells 集合访问单元格，通过使用 DataGridView 控件的 SelectedCells 集合（SelectedCells 属性是 DataGridViewCell 类的集合）访问选定的单元格。通过 DataGridView 的 CurrentCell 属性访问当前的单元格。

表 8-12 列出了 DataGridView 控件的常用属性。

表 8-12　DataGridView 的常用属性

类　别	属　性	说　明
用户功能	AllowUserToAddRows AllowUserToDeleteRows	指示用户能否增加/删除行。默认值为 true
	AllowUserToOrderColumns	指示用户能否重排各列。默认值为 false
	MultiSelect	指示用户能否一次选择多个单元格、行或列。默认值为 true
	SelectionMode	指示如何选择单元格。 它是 DataGridViewSelectionMode 枚举值。 CellSelect：可以选定一个或多个单元格。 FullRowSelect：通过单击行的标头或该行所包含的单元格选定整个行。 FullColumnSelect：通过单击列的标头或该列所包含的单元格选定整个列。 RowHeaderSelect：通过单击行的标头单元格选定此行。通过单击某个单元格可以单独选定此单元格。 ColumnHeaderSelect：可以通过单击列的标头单元格选定此列。通过单击某个单元格可以单独选定此单元格。 默认值为 RowHeaderSelect
	ReadOnly	提示用户能否修改单元格中的数据
集合	Columns	网格中所有列的集合。可以通过索引访问某一列
	Rows	网格中所有行的集合。可以通过索引访问某一行
	SelectedColumns	选定列的集合
	SelectedRows	选定行的集合
	SelectedCells	选定单元格的集合
当前数据	CurrentCell	当前处于活动状态的单元格
	CurrentRow	当前单元格的行
数据源	DataSource	网格所显示数据的数据源
	DataMember	数据源中 DataGridView 显示其数据的列表或表的名称
	AutoGenerateColumns	提示在设置 DataSource 或 DataMember 属性时是否自动创建列。默认值为 true

下面列出对 DataGridView 控件的一些常用操作。

1）访问某个单元格。

- DataGridView 对象 . Rows［行索引］. Cells［列名或列索引］. Value
- DataGridView 对象［列名或列索引，行索引］. Value

值为 object 类型。

2）访问所有选定行中的第 j 列单元格的值。

```
for(int i = 0;i < DataGridView 对象 . SelectedRows. Count;i ++ )
{
    DataGridViewRow row = DataGridView 对象 . SelectedRows[i];
    Object data = row. Cells[j - 1]. Value;
}
```

3）删除指定行。

- DataGridView 对象 . Rows. Remove（指定行）
- DataGridView 对象 . Rows. RemoveAt（指定行的索引）

2. DataGridView 的数据绑定

数据绑定是一种将控件内容和数据源链接的方式。我们可以将 DataGridView 控件绑定到不同数据源，数据源包括：①任何实现 IList 接口的类，包括一维数组；②任何实现 IListSource 接口的类，例如 DataTable 和 DataSet 类；③任何实现 IBindingList 接口的类，例如 BindingList 类；④任何实现 IBindingListView 接口的类，例如 BindingSource 类。

常用数据源是 DataTable 和泛型集合 List < T > 或 BindingList < T > 。DataGridView 绑定到哪个数据源，就显示哪个数据源中的数据。

如何实现绑定？通过设置 DataGridView 的 DataSource 属性来指定数据源。

```
DataGridView 对象 . DataSource = 数据源
```

当控件的 AutoGenerateColumns 为 true 时，DataGridView 会使用与绑定数据源中包含的数据类型相应的默认列类型自动生成列，也可以将 AutoGenerateColumns 属性设置为 false，手动添加列，灵活设置列的属性，最重要的是将列的 DataPropertyName 属性设置为数据源中对应的属性或数据库列，指定每列显示的数据。

当 DataGridView 绑定到 DataTable 时，可以实现双向数据绑定，即对 DataGridView 控件内容的改变会反映到数据表中（注意：只能是界面操作，通过代码操作增加行会引发异常，通过代码修改单元格值能修改，但是不能提交数据库），同时，对数据表的修改也会自动更新 DataGridView 控件的显示。

当 DataGridView 绑定到泛型集合 List 时，不能实现双向同步，也不能以编程方式添加删除行。最好用实现了 IBindingList 接口的 BindingList。因为 IBindingList 实现了窗口控件与列表对象间的双向同步。

8.4 任务实现

8.4.1 数据库实现

服务器名为 nature，创建的数据库名为 studentscore，数据库登录账号为 adm，密码为123456。

创建三个表的T-SQL代码为：

```
Create Table students
(sno char(8)primary key,
sname nchar(4)not null,
classid char(6)not null,
gender nchar(1)check(gender='男'or gender='女'),
birthday date,
province nchar(10))

Create Table courses
(cno char(10)primary key,
cname nvarchar(20)not null,
period int,
credit tinyint,
ctype nchar(2)check(ctype='必修'or ctype='选修'))

Create Table score
(sno char(8)references students(sno),
cno char(10)references courses(cno),
grade int check(grade between 0 and 100),
primary key(sno,cno))
```

8.4.2 创建项目和主窗体

1. 创建项目

启动Visual Studio 2013，单击“文件”→“新建”→“项目”命令，在打开的“新建项目”对话框中，选择“Windows窗体应用程序”，输入项目名称“StudentScoreSystem”，并选择项目位置。

2. 创建主窗体

添加主窗体，并添加菜单。具体步骤如下。

（1）添加主窗体

在项目中添加一个窗体，命名为FrmMain。要成为主窗体，必须将IsMdiContainer属性设置为True。

（2）在主窗体中添加菜单

先添加“学生信息管理”一项，初步包括“学生信息添加”和“学生信息浏览”两个子项，如图8-5所示。后续根据需要再修改。其他的菜单项请读者自行补充。

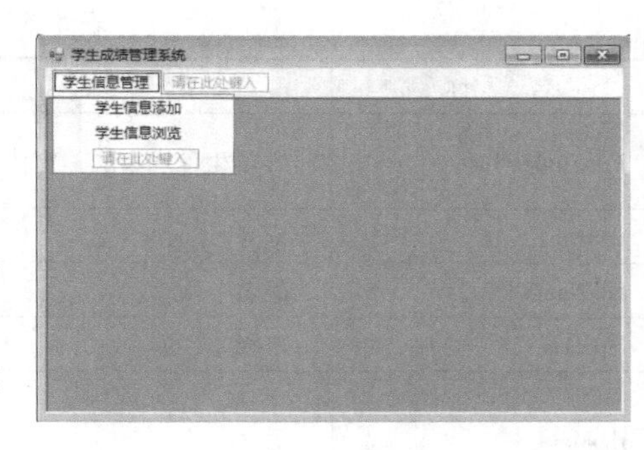

图8-5　主窗体

下面先实现“学生信息添加”模块。

8.4.3 学生信息添加

1. 功能要求

此窗体实现学生信息添加功能。用户输入学号、姓名等信息，单击“保存”按钮，如果添加成功，弹出“信息添加成功”消息框，否则弹出“信息添加失败”消息框。要求学号、姓名和班级代号是必填信息。性别默认为“男”。界面如图 8-6 所示。

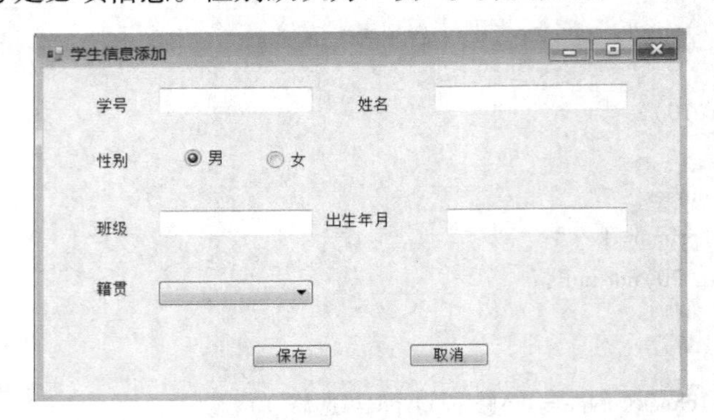

图 8-6　学生信息添加界面

2. 添加、设计“学生信息添加”窗体

（1）添加“学生信息添加”窗体

具体步骤如下。

1）选择菜单中的“项目 -> 添加 Windows 窗体…”选项，或在“解决方案资源管理器”中选中项目“StudentScoreSystem”右击，在弹出的快捷菜单中选择“添加 -> Windows 窗体…”选项，打开“添加新项”对话框。

2）在“添加新项”对话框中，将窗体文件命名为“FrmStudentInsert. cs”，单击“添加”按钮。“StudentScoreSystem”项目中就添加了一个窗体。

（2）设计“学生信息添加”窗体

具体步骤如下。

1）按设计要求在此窗体中添加控件。

2）按表 8-13 所示在“属性面板”中修改窗体和控件的属性。

表 8-13　窗体及控件属性

名　称	含　义	类　型	属　性
FrmStudentInsert	“学生信息添加”窗体	Form	Name：FrmStudentInsert Text：添加学生信息
txtSNo	学号	TextBox	Name：txtSNo
txtSName	姓名	TextBox	Name：txtSName
txtClass	班级	TextBox	Name：txtClass
rboMale	男	RadioButton	Name：rboMale Check：True Text：男

（续）

名　　称	含　　义	类　　型	属　　性
rboFemale	女	RadioButton	Name：rboFemale Check：False Text：女
txtBirthday	出生年月	TextBox	Name：txtBirthday
cboProvince	籍贯	ComboBox	Name：cboProvince Items：山东 北京 广东 福建 （自行扩充）
btnSave	保存	Button	Name：btnSave
btnCancel	取消		Name：btnCancel

3. 代码的初步实现

（1）添加命名空间

在“学生信息添加”窗体的设计界面下，在窗体内右击，弹出快捷菜单，选择“查看代码”选项，进入窗体对应的代码文件。在引用命名空间处添加 ADO. NET 所需的命名空间。

```
using System. Data. SqlClient;
```

（2）编写“保存”按钮的 Click 事件处理方法

此窗体要求用户单击“保存”按钮时，把输入的一条学生信息添加至学生信息表中，所以核心代码就是“保存”按钮的 Click 事件处理程序。先简单处理，再逐步完善。“保存”按钮的 Click 事件处理方法的核心代码如下。

1）从控件的属性值中获取学生的信息。

```
string sno = txtSNo. Text;
string sname = txtSName. Text;
string classid = txtClass. Text;
string gender = rboMale. Checked?"男":"女";
DateTime birthday = DateTime. Parse(txtBirthday. Text);
string province = cboProvince. Text;
```

2）创建连接对象。

```
string connStr = "server = nature;database = studentscore;uid = adm;pwd = 123456";
SqlConnection conn = new SqlConnection(connStr);
```

3）构造 SQL 语句，创建操作对象。构造的 SQL 语句中需要传递学号、姓名等参数。在 C#中执行 SQL 语句时传递参数有两种方法：直接写入法和给命令对象添加参数法。

先介绍第一种：直接写入法。

在 C#中，把执行的 SQL 语句构造成字符串，当值为变量时，直接使用字符串的连接算符“+”即可。需要注意的是：在 SQL 语句中，字符或日期时间型的值需要用单引号引起来。当使用连接运算符连接 SQL 语句时，注意单引号和空格。

先构造 SQL 语句：

```
string sql = "insert students(sno,sname,gender,classid,birthday,province) " +
"values('" + sno + "','" + sname + "','" + gender + "','" + classid + "','" + birthday + "','" + prov-
ince + "')";
```

接着创建操作对象：

```
SqlCommand cmd = new SqlCommand(sql,conn);
```

这种方法语句简单，但是构造 SQL 语句时易出错，更危险的是由于在 SQL 语句中直接包含用户输入的数据，有可能引起 SQL 注入式攻击。所以安全的做法是给命令对象添加参数法。

再介绍第二种：给命令对象添加参数法。

使用这种方法时，需要做一些改动。

① SQL 语句中的变量不是直接拼接到 SQL 语句中，而是通过参数传递。写法如下：

```
string sql = "insert students(sno,sname,gender,classid,birthday,province)" +
             "values(@sno,@sname,@gender,@classid,@birthday,@province)";
```

其中，SQL 语句中的以“@”开头的变量为参数，怎么给参数赋值呢？参数的值怎么传递给 SqlCommand 对象呢？通过 SqlParameter。

SqlParameter 类表示 SqlCommand 的参数，通过它把 SQL 语句中参数的值传递给 SqlCommand 对象。

SqlParameter 的一个常用构造函数如下：

```
public SqlParameter(string parameterName,Object value)
```

其中，parameterName 对应着 SQL 语句中的一个参数名称，value 指参数的值。其他构造函数的用法请参考 MSDN。

SqlParameter 参数除了提供动态传值的作用外，它还会强制执行类型和长度检查，范围以外的值将触发异常，更重要的是 SqlParameter 中的内容只会被当成纯文字而不是可以执行的 SQL 命令，因此使用 SqlParameter 可有效防止 SQL 注入式攻击，安全性更高。

② 为 SQL 语句中的每一个参数创建一个对应的 SqlParameter 对象。

对于本项目，为 SQL 语句中的每一个参数创建一个对应的 SqlParameter 对象，代码如下：

```
SqlParameter p1 = new SqlParameter("@sno",sno);
SqlParameter p2 = new SqlParameter("@sname",sname);
SqlParameter p3 = new SqlParameter("@gender",gender);
SqlParameter p4 = new SqlParameter("@classid",classid);
```

```
SqlParameter p5 = new SqlParameter("@birthday",birthday);
SqlParameter p6 = new SqlParameter("@province",province);
```

构造函数中第一个实参对应着 SQL 语句中的参数名称，第二个实参对应着参数的值，即用户输入的学生对应的信息。

参数的值怎么传递给操作对象呢?

③ 将 SqlParameter 对象添加到 SqlCommand 对象的 Parameters 属性。

SqlCommand 有一个属性 Parameters，表示关联的 SqlParameter 集合。需要把事先定义好的 SqlParameter 对象添加到 SqlCommand 的 Parameters 属性中，这样 SqlParameter 对象和 SqlCommand 对象就关联起来。创建操作对象的代码不变，关联的代码如下：

```
cmd.Parameters.Add(p1);
cmd.Parameters.Add(p2);
cmd.Parameters.Add(p3);
cmd.Parameters.Add(p4);
cmd.Parameters.Add(p5);
cmd.Parameters.Add(p6);
```

4）打开数据库连接，执行 SQL 语句。

```
conn.Open();
int row = cmd.ExecuteNonQuery();
```

基本功能已完成，但还有需要完善的地方。

4. 代码的完善

（1）检验用户输入

本窗体中要求学号、姓名和班级代号必须输入信息，出生年月若输入，必须是有效的日期。所以，再增加一个检验数据的方法，以供“保存”按钮的 Click 事件处理方法调用。

```
private bool IsValid()
{
    if(string.IsNullOrEmpty(txtSNo.Text) || string.IsNullOrEmpty(txtSName.Text) ||
        string.IsNullOrEmpty(txtClass.Text))
    {
        MessageBox.Show("学号、姓名、班级不能为空");
        return false;
    }
    else
    {
        if(!string.IsNullOrEmpty(txtBirthday.Text))
        {
            DateTime birthday;
            //是否能转换为有效日期
            if(!DateTime.TryParse(txtBirthday.Text,out birthday))
            {
```

```
                MessageBox.Show("请输入有效日期");
                return false;
            }
        }
    }
    return true;
}
```

(2) 向数据库中保存“NULL”

数据库应该把用户没有提供的信息保存为“NULL”。遗憾的是，C#中的空引用（即 null）并不能直接和数据库的“NULL”对应。在 C# 中怎么表示数据库的空值呢？用 DB-NULL. Value 表示。

代码修改为：

从控件中获取值时，若没有输入则置为 null。

```
DateTime? dt = null;
DateTime? birthday = string.IsNullOrEmpty(txtBirthday.Text) ? dt:DateTime.Parse(txtBirthday.Text);
string province = string.IsNullOrEmpty(cboProvince.Text) ? null: cboProvince.Text;
```

其中，DateTime? 是一种可空类型。

补充：可空类型。

在 C#中值类型变量不能取空值，但是在与数据库交互中，支持所有类型（包括值类型）的可空值是很重要的。所以，C# 2.0 定义了可空类型。

可空类型是以值类型作为基础类型来构造的，在值类型后面使用“?”类型修饰符来构造可空类型。可空类型可以表示其基础类型的所有值和一个额外的空值。

保存至数据库时，若为 null，则转换为 DBNULL. Value。

```
SqlParameter p5 = new SqlParameter("@birthday",birthday == null? (object)DBNull.Value:birthday);
SqlParameter p6 = new SqlParameter("@province",province == null? (object)DBNull.Value:province);
```

“取消”按钮的代码请读者自行完成。

5. 完整代码

1）“Program. cs”中的 Main 方法改为：

```
static void Main()
{
    Application.EnableVisualStyles();
    Application.SetCompatibleTextRenderingDefault(false);
    Application.Run(newFrmMain());
}
```

2）主窗体的“学生信息添加”菜单项的 Click 事件处理方法为：

```
private void 学生信息添加 ToolStripMenuItem_Click_1(object sender,EventArgs e)
{
    FrmStudentInsert frm = new FrmStudentInsert();
```

```
        frm.MdiParent = this;
        frm.Show();
    }
```

3）“学生信息添加”窗体中的“保存”按钮的 Click 事件处理方法为：

```
    private void btnSave_Click(object sender,EventArgs e)
    {
        if(IsValid())
        {
            //获得控件中的数据
            string sno = txtSNo.Text;
            string sname = txtSName.Text;
            string gender = rboMale.Checked?"男":"女";
            string classid = txtClass.Text;
            DateTime? dt = null;
            DateTime? birthday = string.IsNullOrEmpty(txtBirthday.Text) ? dt:
                                DateTime.Parse(txtBirthday.Text);
            string province = string.IsNullOrEmpty(cboProvince.Text) ? null:cboProvince.Text;

            //数据库操作
            string connStr = "server = nature;database = studentscore;uid = adm;pwd = 123456";
            SqlConnection conn = new SqlConnection(connStr);
            try
            {
                conn.Open();
                string sql = "insert students(sno,sname,gender,classid,birthday,province)" +
                          "values(@sno,@sname,@gender,@classid,@birthday,@province)";
                SqlCommand cmd = new SqlCommand(sql,conn);
                SqlParameter p1 = new SqlParameter("@sno",sno);
                SqlParameter p2 = new SqlParameter("@sname",sname);
                SqlParameter p3 = new SqlParameter("@gender",gender);
                SqlParameter p4 = new SqlParameter("@classid",classid);
                SqlParameter p5 = new SqlParameter("@birthday",birthday == null?
                                (object)DBNull.Value:birthday);
                SqlParameter p6 = new SqlParameter("@province",province == null?
                                (object)DBNull.Value:province);

                cmd.Parameters.Add(p1);
                cmd.Parameters.Add(p2);
                cmd.Parameters.Add(p3);
                cmd.Parameters.Add(p4);
                cmd.Parameters.Add(p5);
                cmd.Parameters.Add(p6);
```

```
                int result = cmd.ExecuteNonQuery();
                if(result > 0)
                {
                    MessageBox.Show("添加成功");
                }
                else
                {
                    MessageBox.Show("添加失败");
                }
            }
            catch(Exception ex)
            {
                MessageBox.Show(ex.Message);
                throw;
            }
            finally
            {
                if(conn.State == ConnectionState.Open)
                {
                    conn.Close();
                }
            }
        }
    }
```

其中，IsValid 为此类中的私有方法，进行数据有效性验证。具体代码如下：

```
            private bool IsValid()
            {
                if (string.IsNullOrEmpty(txtSNo.Text) || string.IsNullOrEmpty(txtSName.Text) ||
                  string.IsNullOrEmpty(txtClass.Text))
                {
                    MessageBox.Show("学号、姓名、班级不能为空");
                    return false;
                }
                else
                {
                    if(!string.IsNullOrEmpty(txtBirthday.Text))
                    {
                        DateTime birthday;
                        //是否能转换为有效日期
                        if(!DateTime.TryParse(txtBirthday.Text,out birthday))
                        {
```

```
                    MessageBox.Show("请输入有效日期");
                    return false;
                }
            }
        }
        return true;
    }
```

8.4.4 学生信息浏览

1. 功能要求

界面打开时，显示所有学生的信息。单击“添加”按钮，打开“学生信息添加”窗体，单击“更新”按钮，打开“学生信息更新”窗体，单击“删除”按钮，则删除选中的学生记录。界面如图 8-7 所示。

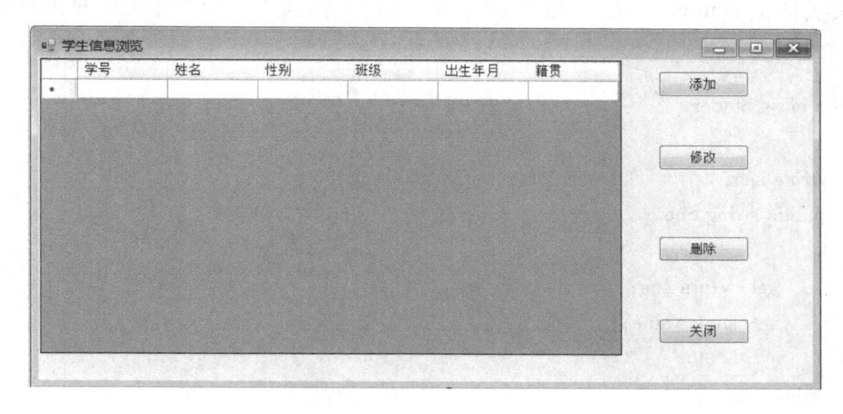

图 8-7　学生信息浏览

2. 添加、设计“学生信息浏览”窗体

具体步骤如下。

1）添加“学生信息浏览”新窗体，命名为“FrmStudentDisplay”。

2）按设计要求在“学生信息浏览”窗体中添加控件。

3）按表 8-14 所示在“属性面板”中修改窗体和控件的属性。

表 8-14　窗体及控件属性

名　称	含　义	类　型	属　性
StudentDisplay	“学生信息浏览”窗体	Form	Name：FrmStudentDisplay Text：浏览学生信息
dgvStudents	（显示）学生信息	DataGridView	Name：dgvStudents SelectionMode：FullRowSelect
btnInsert	添加按钮	Button	Name：btnInsert Text：添加
btnUpdate	更新按钮	Button	Name：btnUpdate Text：更新

（续）

名　称	含　义	类　型	属　性
btnDelete	删除按钮	Button	Name：btnDelete Text：删除
btnClose	关闭按钮	Button	Name：btnClose Text：关闭

3. 编写代码

先实现浏览功能。添加命名空间同前所述。因为要求窗体一打开就显示学生的信息，所以，应该为窗体的 Load 事件编写代码。此功能主要实现数据库的查询。根据数据库连接方式不同，有两种方法实现查询。

（1）方法一：直连接方式下的查询

核心代码如下。

1）定义实体类 Student。在项目中新增加一个实体类 Student，以方便传递数据。代码如下：

```
public class Student
{
    string sno;
    public string Sno
    {
        get{ return sno; }
        set{ sno = value; }
    }
    string sname;
    public string Sname
    {
        get{ return sname; }
        set{ sname = value; }
    }
    string gender;
    public string Gender
    {
        get{ return gender; }
        set{ gender = value; }
    }
    string classid;
    public string Classid
    {
        get{ return classid; }
        set{ classid = value; }
    }
    DateTime? birthday;
```

```
        public DateTime? Birthday
        {
            get{ return birthday; }
            set{ birthday = value; }
        }
        string province;
        public string Province
        {
            get{ return province; }
            set{ province = value; }
        }
    }
```

2）创建连接对象和操作对象。

```
    string connStr = "server = nature;database = studentscore;uid = adm;pwd = 123456";
    SqlConnection conn = new SqlConnection(connStr);
    string sql = "select sno,sname,gender,birthday,classid,province from students";
    SqlCommand cmd = new SqlCommand(sql,conn);
```

3）执行 SQL 命令，返回 SqlDataReader 对象。

```
    conn.Open();
    SqlDataReader reader = cmd.ExecuteReader();
```

4）从 SqlDataReader 中读取数据，放入 List < Student > 中。

```
    List < Student > list = new List < Student > ();
    …
    while(reader.Read())
    {
        Student student = new Student();
        s.Sno = reader["sno"].ToString();
        s.Sname = reader["sname"].ToString();
        s.Gender = reader["gender"].ToString();
        s.Classid = reader["classid"].ToString();
        DateTime? dt = null;
        s.Birthday = ( reader["birthday"] == DBNull.Value? dt:(DateTime)reader["birthday"]);
        s.Province = (reader["province"] == DBNull.Value? null:reader["province"].ToString());
        list.Add(student);
    }
```

上述代码的主要思路就是利用 SqlDataReader 从数据库中读记录，每读出一行记录存入一个 Student 对象中，再将这个对象添加到泛型集合 List < Student > 中。具体思路可参考 8.3.2 节中使用 SqlDataReader 的一般步骤。

5）利用 DataGridView 控件显示数据。

利用 DataGridView 控件显示泛型集合 List < Student > 中的数据。关于 DataGridView 的详细介绍，可参考前面 8.3.3 内容。

① 通过设置 DataSource 属性指定数据源。

```
dgvStudents.DataSource = list;
```

这样就达到基本的数据显示功能。

需要注意的是：DataGridView 控件绑定到 List < T > 中，不能以编程方式移除行，若想移除行，可以绑定到支持更改通知并允许删除的 BindingList < T > 中。可以直接把一个 List 对象转换成 BindingList 对象。上述代码修改为：

```
dgvStudents.DataSource = new BindingList < Student > (list);
```

若还想改变列标题等，就需要手动添加列。

② 编辑列，设置外观和绑定列。

将 dgvStudents 控件的 AutoGenerateColumns 属性改为 false。右击 dgvStudents 控件，在弹出的快捷菜单中选择“编辑列…”选项或直接从属性面板中选择“columns”，弹出“编辑列”窗体，单击“添加”按钮，弹出“添加列”窗体，如图 8-8 所示。

图 8-8　手动添加列

页眉文本就是列标题，把页眉文本修改为“学号”，单击“添加”按钮后，能继续增加新的列，再添加 5 个列，依次对应姓名、班级、性别、出生年月和籍贯。

添加完列之后单击“取消”按钮，回到“编辑列”窗体。修改列的外观、数据等属性。最重要的是将列的 DataPropertyName 属性设置为数据源中的属性名，从而指定 DataGridView 中每列显示的数据。在本项目中，dgvStudents 控件的数据源是一个 List < Student > 的对象，每列显示的数据就是 Student 对象中的属性值。例如将学号这一列的 DataPropertyName 设置为实体类 Student 中的 Sno 属性，如图 8-9 所示。其他一一对应。

完整代码如下。

1）主窗体的“学生信息浏览”菜单项的 Click 事件处理方法为：

```
private void 学生信息浏览 ToolStripMenuItem_Click(object sender,EventArgs e)
{
```

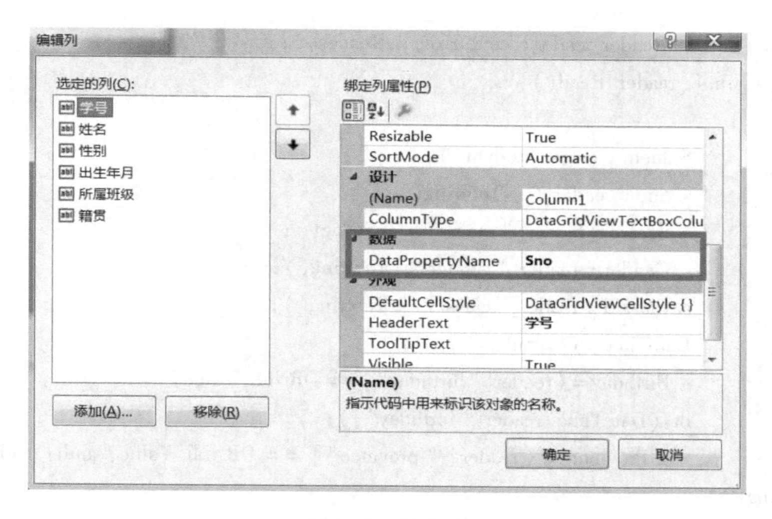

图 8-9　绑定列

```
        FrmStudentDisplay frm = new FrmStudentDisplay( );
        frm. MdiParent = this;
        frm. Show( );
    }
```

2）“学生信息浏览” 窗体中的代码如下：

```
private void FrmStudentDisplay_Load( object sender,EventArgs e)
{
    LoadData( );
}

private void LoadData( )
{
    List < Student > list = GetStudents( );
    BindingList < Student > blist = new BindingList < Student > ( list);
    dgvStudents. DataSource = blist;
}
#region 从数据库中获取数据:所有学生的基本信息
private List < Student > GetStudents( )
{
    List < Student > list = new List < Student > ( );
    string connStr = " server = nature;database = studentscore;uid = adm;pwd = 123456" ;
    SqlConnection conn = new SqlConnection( connStr) ;
    try
    {
        string sql = " select sno,sname,gender,birthday,classid,province from students" ;
        SqlCommand cmd = new SqlCommand( sql,conn) ;
        conn. Open( ) ;
```

```
            SqlDataReader reader = cmd. ExecuteReader( ) ;
            while( reader. Read( ) )
            {
                Student s = new Student( ) ;
                s. Sno = reader[0]. ToString( ) ;
                s. Sname = reader[ "sname" ]. ToString( ) ;
                s. Gender = reader[ "gender" ]. ToString( ) ;
                s. Classid = reader[ "classid" ]. ToString( ) ;
                DateTime? dt = null;
                s. Birthday = ( reader[ "birthday" ] == DBNull. Value?
                dt: ( DateTime) reader[ "birthday" ] ) ;
                  s. Province = ( reader [ " province" ] == DBNull. Value? null: reader [ " province" ]
. ToString( ) ) ;
                list. Add( s) ;
            }
            reader. Close( ) ;
        }
        catch( Exception ex)
        {
            MessageBox. Show( ex. Message) ;
        }
        finally
        {
            if( conn. State == ConnectionState. Open)
            {
                conn. Close( ) ;
            }
        }
        return list;
    }
    #endregion
```

3）实体类 Student 代码见核心代码处。

(2) 方法二：无连接方式下的查询

核心代码如下。

1）在 FrmStudentDisplay 窗体类中声明适配器对象和数据集对象。

```
SqlDataAdapter adapter;
DataSet ds;
```

这两个对象在类中其他方法中也会用到，所以定义为类的数据成员。

2）创建数据集对象。

```
DataSet set = new DataSet( ) ;
```

3）创建适配器对象。

```
string connStr = "server = nature;database = studentscore;uid = adm;pwd = 123456";
SqlConnection conn = new SqlConnection(connStr);
string sql = "select sno,sname,gender,birthday,classid,province from students";
adapter = newSqlDataAdapter(sql,conn);
```

4）适配器填充数据集。

```
adapter. Fill(set,"stu");
```

5）DataGridView 控件绑定到数据表。

```
dgvStudents. DataSource = ds. Tables["stu"];
```

6）编辑列。

如果想手动编辑列，可将“AutoGenerateColumns”属性设置为 false，依照方法一添加编辑列，不同的是列的 DataPropertyName 为对应的数据库列。

完整代码如下。

“学生信息浏览”窗体中的代码如下：

```
public partial class FrmStudentDisplay:Form
{
    SqlDataAdapter adapter;
    DataSet set;

    public FrmStudentDisplay()
    {
        InitializeComponent();
    }
    private void FrmStudentDisplay_Load(object sender,EventArgs e)
    {
        LoadData();
    }
    private void LoadData()
    {
        set = GetStudents();
        dgvStudents. DataSource = set. Tables["stu"];
    }
    #region 利用无连接方式从数据库中获取数据:所有学生的基本信息
    private DataSet GetStudents()
    {
        string connStr = "server = nature;database = studentscore;uid = adm;pwd = 123456";
        SqlConnection conn = new SqlConnection(connStr);//SqlConnection:连接对象
        string sql = "select sno ,sname,gender,birthday,classid,province from students";
        adapter = newSqlDataAdapter(sql,conn);
```

```
        DataSet set = new DataSet();
        try
        {
            adapter.Fill(set,"stu");
        }
        catch(Exception ex)
        {
            MessageBox.Show(ex.Message);
        }
        return set;
    }

    #endregion
}
```

8.4.5 学生信息删除

1. 功能要求

在 dgvStudents 控件中选择要删除的行（一行或多行），然后单击“删除”按钮，确认后删除。和学生信息浏览功能使用同一个界面。

2. 编写代码

（1）方法一：直连接方式下的删除

主要思想：对选中的每一行，利用 SqlCommand 从数据库中删除相应记录，再从 dgvStudents 控件中移除。

核心代码如下。

1）从选中的每一行中读出学号主键值。

```
foreach(DataGridViewRow row in dgvStudents.SelectedRows)
{
    //获得当前行的学号
    string sno = row.Cells[0].Value.ToString();
    …
}
```

2）利用 SqlCommand 从数据库中删除相应记录。

```
string sql = "delete from students where sno = @sno";
SqlParameter p1 = new SqlParameter("@sno",sno);
SqlCommand cmd = new SqlCommand(sql,conn);
…
cmd.ExecuteNonQuery();
```

3）从控件中移除行。

```
dgvStudents.Rows.Remove(row);
```

完整代码如下。

1）“删除”按钮的 Click 事件处理方法为：

```
private void btn Delete_Click(object sender,EventArgs e)
{
    if(dgvStudents.SelectedRows.Count >0)
    {
        if(MessageBox.Show("您真的要删除吗?","删除确认",MessageBoxButtons.YesNo) ==
DialogResult.Yes)
        {
            foreach(DataGridViewRow row in dgvStudents.SelectedRows)
            {
                //获得当前行的学号
                string sno = row.Cells[0].Value.ToString();
                //对数据库做删除操作
                ExecuteDelete(sno);
                //从控件中删除当前行
                dgvStudents.Rows.Remove(row);
            }
        }
    }
    else
    {
        MessageBox.Show("请选择要删除的行");
    }
}
```

2）在“学生信息浏览”窗体下定义的对数据库做删除操作的私有方法为：

```
void ExecuteDelete(string sno)
{
    string connStr = "server = nature;database = studentscore;uid = adm;pwd = 123456";
    SqlConnection conn = new SqlConnection(connStr);
    string sql = "delete from students where sno = @sno";
    SqlParameter p1 = new SqlParameter("@sno",sno);
    SqlCommand cmd = new SqlCommand(sql,conn);
    try
    {
        conn.Open();
        cmd.Parameters.Add(p1);
        cmd.ExecuteNonQuery();
    }
    catch(Exception ex)
    {
```

```
            MessageBox.Show(ex.Message);
            throw;
        }
        finally
        {
            if(conn.State == ConnectionState.Open)
            {
                conn.Close();
            }
        }
    }
```

（2）方法二：无连接方式下的删除

主要思想：DataGridView 控件中数据和数据集的数据表中数据能够保持双向同步，所以，删除 DataGridView 中的选定行或者删除数据集的数据表中选定行都可以，然后利用适配器更新数据库。

核心代码如下。

1）从 DataGridView 控件中删除选中的行。

```
foreach(DataGridViewRow row in dgvStudents.SelectedRows)
{
    dgvStudents.Rows.Remove(row);
    …
}
```

当然，从数据表中删除选定行也可以，将 dgvStudents.Rows.Remove（row）；代码替换为：

```
set.Tables["stu"].Rows[row.Index].Delete();
```

注意：这里不能使用

```
set.Tables["stu"].Rows.RemoveAt(row.Index);
```

因为 Remove 或 RemoveAt 是直接从数据行集合中移除记录，无法更新数据库。

2）更新数据库。

```
SqlCommandBuilder builder = new SqlCommandBuilder(adapter);
adapter.Update(set,"stu");
```

完整代码如下。

```
private void btnDelete_Click(object sender,EventArgs e)
{
    if(dgvStudents.SelectedRows.Count > 0)
    {
```

```
            if(MessageBox.Show("您真的要删除吗?","删除确认",MessageBoxButtons.YesNo) ==
DialogResult.Yes)
            {
                foreach(DataGridViewRow row in dgvStudents.SelectedRows)
                {
                    //从 DataGridView 控件中删除一行
                    dgvStudents.Rows.Remove(row);
                    //或者使用 RemoveAt,提供欲删除行的索引
                    //dgvStudents.Rows.RemoveAt(row.Index);
                    //或者从 DataTable 中删除行
                    //set.Tables["stu"].Rows[row.Index].Delete();
                }
                //一次性提交至数据库
                SqlCommandBuilder builder = new SqlCommandBuilder(adapter);
                adapter.Update(set,"stu");
            }
        }
        else
        {
            MessageBox.Show("请选中要删除的行");
        }
    }
```

8.4.6 学生信息修改

1. 功能要求

此窗体实现学生信息修改功能。在“学生信息浏览”界面下，选中要修改的一行，单击“修改”按钮，进入“学生信息添加”界面（和“学生信息添加”共用一个界面）。显示原来的信息，直接在控件上修改信息（学号不允许修改）。修改完成后，单击“保存”按钮，退出“学生信息添加”界面，回到“学生信息浏览”界面，显示修改后的信息。

2. 编写代码

主要思想：将欲修改的行信息保存到一个 Student 对象中，在“学生信息添加”窗体类中添加一个带 Student 参数的构造函数，这样，打开“学生信息更新”窗体时，更新前的信息能够从 Student 参数中读取出来并显示在相应控件中。

核心代码如下。

1）从“学生信息浏览”窗体中读取修改前的信息并保存到一个 Student 对象中。

```
Student s = new Student();
s.Sno = dgvStudents.SelectedRows[0].Cells[0].Value.ToString();
s.Sname = dgvStudents.SelectedRows[0].Cells[1].Value.ToString();
s.Gender = dgvStudents.SelectedRows[0].Cells[2].Value.ToString();
s.Classid = dgvStudents.SelectedRows[0].Cells[3].Value.ToString();
DateTime? dt = null;
```

```
#如果 dgvStudents 的数据源为泛型集合,直接用 null 判断空
s. Birthday = dgvStudents. SelectedRows[0]. Cells[4]. Value = = null?
dt:(DateTime)dgvStudents. SelectedRows[0]. Cells[4]. Value;
s. Province = dgvStudents. SelectedRows[0]. Cells[5]. Value = = null? null: dgvStudents. SelectedRows
[0]. Cells[5]. Value. ToString();
#如果 dgvStudents 的数据源为 DataSet,用 DBNull. Value 判断空
/ * s. Birthday = dgvStudents. SelectedRows[0]. Cells[4]. Value = = DBNull. Value?
dt:(DateTime)dgvStudents. SelectedRows[0]. Cells[4]. Value;
s. Province = dgvStudents. SelectedRows [0]. Cells [5]. Value = = DBNull. Value? null: dgvStu-
dents. SelectedRows[0]. Cells[5]. Value. ToString(); * /
```

此段代码写在“修改”按钮的 Click 事件处理方法中。

2）为了便于和添加操作共用一个窗体，节省代码量，增加一个判断：修改操作，还是添加操作。具体实现可以使用枚举类型。

① 声明一个表示操作类型的枚举类型，包含“添加”和“修改”操作。

```
public enum OperateType{Insert,Update};
```

② 在“学生信息添加”窗体类中声明一个表示操作的枚举型变量。

```
OperateType type;
```

③ 在添加操作调用的无参构造函数中，加一句：

```
type = OperateType. Insert;
```

3）在“学生信息添加”窗体类中添加一个带 Student 参数和操作类型的构造函数，从 Student 参数中读取出的信息显示在相应控件中。

```
public FrmStudentInsert(Student s,OperateType type)
{
    InitializeComponent();

    this. type = type;
    if(type == OperateType. Update)
    {
        this. Text = "学生信息修改";
        //显示原来数据
        txtSNo. Text = s. Sno;
        txtSNo. Enabled = false;
        txtSName. Text = s. Sname;
        if(s. Gender == "男")
        {
            rboMale. Checked = true;
        }
        else
        {
            rboFemale. Checked = true;
        }
        txtClass. Text = s. Classid;
```

```
            txtBirthday. Text = s. Birthday. ToString( );
            cboProvince. Text = s. Province;
        }
    }
```

4）在单击“修改”按钮时，利用带参构造函数实例化一个“学生信息添加”对象，并显示。

```
…//修改前的信息保存至一个 Student 对象 s 中
FrmStudentInsert frm = new FrmStudentInsert(s,OperateType. Update);
frm. Show( );
```

这里，利用构造函数在父窗体和子窗体之间传递数据。

5）利用 SqlCommand 修改数据库中数据。

```
  sql = "update students set sname = @ sname,gender = @ gender,classid = @ classid," +
      "birthday = @ birthday,province = @ province where sno = @ sno";
  SqlCommand cmd = new SqlCommand(sql,conn);
…//添加参数
conn. Open( );
introw = cmd. ExecuteNonQuery( );
```

6）刷新父窗体。当修改操作结束，DataGridView 控件中的数据自动刷新。这其实是子窗体向父窗体传递数据的问题。这类问题一般可以使用委托来解决。具体实现如下。

① 声明一个和 LoadData 方法兼容（即签名相同，返回类型相同）的委托类型。

```
public delegate void RefreshDelegate( );
```

这条代码写在 FrmStudentDisplay. cs 或者 FrmStudentInsert. cs 中都可以，注意要在类定义之外写。

② 在“学生信息添加”类中声明一个 public 的委托实例成员。

```
public RefreshDelegate refreshDelegate;
```

③ 在“学生信息浏览”窗体的“修改”按钮中打开“学生信息添加”窗体时，实例化委托。

```
private void btnUpdate_Click(object sender,EventArgs e)
{
    …
    FrmStudentInsert frm = new FrmStudentInsert(s,OperateType. Update);
    frm. refreshDelegate = new RefreshDelegate(LoadData);
    frm. ShowDialog( );
    …
}
```

④ 在“学生信息添加”窗体的“保存”按钮中调用委托实例。

```
private void btnSave_Click(object sender,EventArgs e)
```

```
{
    …//更新操作完成
    refreshDelegate();
}
```

完整代码如下。

（1）“学生信息浏览”窗体的“修改”按钮的 Click 事件处理方法

```
private void btnUpdate_Click(object sender,EventArgs e)
{
    if(dgvStudents.SelectedRows.Count > 0)
    {
        //获得选中记录的学生信息
        Student s = new Student();
        s.Sno = dgvStudents.SelectedRows[0].Cells[0].Value.ToString();
        s.Sname = dgvStudents.SelectedRows[0].Cells[1].Value.ToString();
        s.Gender = dgvStudents.SelectedRows[0].Cells[2].Value.ToString();
        s.Classid = dgvStudents.SelectedRows[0].Cells[3].Value.ToString();
        DateTime? dt = null;
#如果 dgvStudents 的数据源为泛型集合,直接用 null 判断空
s.Birthday = dgvStudents.SelectedRows[0].Cells[4].Value = = null?
dt:(DateTime)dgvStudents.SelectedRows[0].Cells[4].Value;
s.Province = dgvStudents.SelectedRows[0].Cells[4].Value = = null? null: dgvStudents.SelectedRows
[0].Cells[5].Value.ToString();
#如果 dgvStudents 的数据源为 DataSet,用 DBNull.Value 判断空
/* s.Birthday = dgvStudents.SelectedRows[0].Cells[4].Value = = DBNull.Value?
dt:(DateTime)dgvStudents.SelectedRows[0].Cells[4].Value;
s.Province = dgvStudents.SelectedRows [0].Cells [5].Value = = DBNull.Value? null: dgvStu-
dents.SelectedRows[0].Cells[5].Value.ToString(); */
//父窗体向子窗体传递数据,通过子窗体的构造函数
FrmStudentInsert frm = new FrmStudentInsert(s, OperateType.Update);
        frm.refreshDelegate = new RefreshDelegate(LoadData);
        frm.ShowDialog();
    }
}
```

（2）在 FrmStudentInsert.cs 声明枚举类型和委托（声明在 FrmStudentDisplay.cs 也可以）

```
namespace StudentScoreSystem
{
    public enum OperateType{Insert,Update};

    public delegate void RefreshDelegate();
    public partial class FrmStudentInsert:Form
    {
    …
    }
}
```

(3) “学生信息添加”类中增加的数据成员

```
public partial class FrmStudentInsert:Form
{
    OperateType type;
    public RefreshDelegate refreshDelegate;
    …
}
```

(4) FrmStudentInsert 中的两个构造函数

```
public FrmStudentInsert()
{
    InitializeComponent();
    type = OperateType.Insert;
}

public FrmStudentInsert(Student s,OperateType type)
{
    InitializeComponent();

    this.type = type;
    if(type == OperateType.Update)
    {
        this.Text = "学生信息修改";
        //显示修改前数据
        txtSNo.Text = s.Sno;
        txtSNo.Enabled = false;
        txtSName.Text = s.Sname;
        if(s.Gender == "男")
        {
            rboMale.Checked = true;
        }
        else
        {
            rboFemale.Checked = true;
        }
        txtClass.Text = s.Classid;
        txtBirthday.Text = s.Birthday.ToString();
        cboProvince.Text = s.Province;
    }
}
```

(5) “学生信息添加”窗体中的“保存”按钮的 Click 事件处理方法

```
private void btnSave_Click(object sender,EventArgs e)
{
    if(IsValid())
    {
        //获得控件中的数据
```

```
string sno = txtSNo.Text;
string sname = txtSName.Text;
string gender = rboMale.Checked?"男":"女";
string classid = txtClass.Text;DateTime? dt = null;
DateTime? birthday = string.IsNullOrEmpty(txtBirthday.Text)?
                dt:DateTime.Parse(txtBirthday.Text);
string province = string.IsNullOrEmpty(cboProvince.Text)?
                null:cboProvince.Text;

string connStr = "server = nature;database = studentscore;uid = adm;pwd = 123456";
SqlConnection conn = new SqlConnection(connStr);
try
{
    conn.Open();
    //数据库操作
    string sql;
    if(type == OperateType.Insert)
    {
        sql = "insert students(sno,sname,gender,classid,birthday,province) " +
              "values(@sno,@sname,@gender,@classid,@birthday,@province)";
    }
    else
    {
        sql = "update students set sname = @sname,gender = @gender," +
            "classid = @classid,birthday = @birthday,province = @province " +
            "where sno = @sno";
    }
    SqlParameter p1 = new SqlParameter("@sno",sno);
    SqlParameter p2 = new SqlParameter("@sname",sname);
    SqlParameter p3 = new SqlParameter("@gender",gender);
    SqlParameter p4 = new SqlParameter("@classid",classid);
    SqlParameter p5 = new SqlParameter("@birthday",birthday == null?
        (object)DBNull.Value:birthday);
    SqlParameter p6 = new SqlParameter("@province",province == null?
        (object)DBNull.Value:province);
    SqlCommand cmd = new SqlCommand(sql,conn);
    cmd.Parameters.Add(p1);
    cmd.Parameters.Add(p2);
    cmd.Parameters.Add(p3);
    cmd.Parameters.Add(p4);
    cmd.Parameters.Add(p5);
    cmd.Parameters.Add(p6);
    int result = cmd.ExecuteNonQuery();
```

```
                if(result > 0)
                {
                    MessageBox.Show("成功");
                }
                else
                {
                    MessageBox.Show("失败");
                }
                    refreshDelegate();
            }
            catch(Exception ex)
            {
                MessageBox.Show(ex.Message);
                throw;
            }
            finally
            {
                if(conn.State == ConnectionState.Open)
                {
                    conn.Close();
                }
            }
        }
    }
```

数据验证函数 IsValid 函数同 8.4.3 节定义过的 IsValid 函数，不再赘述。

8.4.7 整合与完善

（1）修改菜单

删除“学生信息管理”菜单项的子项，通过单击“学生信息管理”菜单项打开“学生信息浏览”界面。对应的代码为：

```
private void 学生信息管理ToolStripMenuItem_Click(object sender, EventArgs e)
{
    FrmStudentDisplay frm = new FrmStudentDisplay();
    frm.MdiParent = this;
    frm.Show();
}
```

（2）为“学生信息浏览”窗体的“添加”按钮编写代码

```
private void btnInsert_Click(object sender, EventArgs e)
{
    FrmStudentInsert frm = new FrmStudentInsert();
```

```
        frm.refreshDelegate = new RefreshDelegate(LoadData);
        frm.ShowDialog();
    }
```

8.5 小结

1. ADO.NET 是应用程序和数据库之间的桥梁，是一组用于和数据源进行交互的面向对象类库。

2. SqlConnection 负责和 SQL Server 数据库的连接，SqlCommand 负责对 SQL Server 数据库的操作，SqlDataReader 负责对查询结果集的读取，SqlDataAdapter 是 SQL Server 数据库和 DataSet 的桥梁，DataSet 可以看作驻留在内存的临时数据库。

3. 执行返回多行多列的查询语句，调用 SqlCommand 的 ExecuteReader 方法；执行只返回单一值的查询语句，调用 SqlCommand 的 ExecuteScalar 方法；执行其余 SQL 语句，调用 SqlCommand 的 ExecuteNonQuery 方法。

4. DataGridViewRow 表示 DataGridView 控件中的行。DataRow 表示 DataTable 中的行。

8.6 习题

1. 选择题

（1）以下命名空间中，在进行 SQL Server 数据库访问时必须加载的是（　　）。

A. System.Data.Odbc　　B. System.Data.SqlClient

C. System.Data.OleDb　　D. System.Data.SqlTypes

（2）如果想建立应用程序与数据库的连接，应该使用（　　）对象。

A. Connection　　B. Command　　C. DataReader　　D. DataAdapter

（3）执行 SQL 语句“delete from students”，需要调用 SqlCommand 对象的（　　）方法。

A. ExecuteNonQuery()　　B. ExecuteScalar()

C. ExecuteReader()　　D. ExecuteXmlReader()

（4）执行 SQL 语句“select count（*）from employee”，需要调用 SqlCommand 对象的（　　）方法。

A. ExecuteNonQuery()　　B. ExecuteScalar()

C. ExecuteReader()　　D. ExecuteXmlReader()

（5）SQL 语句“Create Table department（id integer，name char（10））”，需要 SqlCommand 对象的（　　）方法在执行。

A. ExecuteNonQuery()　　B. ExecuteScalar()

C. ExecuteReader()　　D. ExecuteXmlReader()

（6）某超市管理系统的数据库中有一个商品信息表，若想向数据表中添加一条商品信息，应使用 Command 对象的（　　）方法。

A. ExecuteScalar()　　B. ExecuteReader()

C. ExecuteQuery( )　　　　　　　　　D. ExecuteNonQuery( )

(7) 从数据库读取记录，不可能用到的方法是（　　）。

A. ExecuteScalar　B. ExecuteReader　C. Read　D. ExecuteNonQuery

(8) 利用 Command 对象的 ExecuteNonQuery( ) 方法执行 INSERT、UPDATE 或 DELETE 语句时，返回（　　）。

A. True 或 False　B. 1 或 0　C. 受影响的行数　D. -1

(9) 在 ADO.NET 中，对于 Command 对象的 ExecuteReader( ) 方法和 ExecuteNonQuery( ) 方法，下面叙述错误的是（　　）。

A. INSERT、UPDATE 或 DELETE 等操作的 SQL 语句主要用 ExecuteNonQuery( ) 方法来执行

B. ExecuteNonQuery( ) 方法返回执行 SQL 语句所影响的行数

C. SELECT 操作的 SQL 语句只能由 ExecuteReader( ) 方法来执行

D. ExecuteReader( ) 方法返回一个 DataReader 对象

(10) 使用（　　）对象可以用只读的方式快速访问数据库中的数据。

A. DataSet　B. DataReader　C. DataAdapter　D. Connection

(11) 使用（　　）对象来向 DataSet 中填充数据。

A. Connection　B. Command　C. DataReader　D. DataAdapter

(12) 有一个 Windows 窗体应用程序，在程序中已经创建了一个数据集 dataSet 和一个数据适配器 dataAdapter，现在想把数据库中的 Friends 表中的数据放在 dataSet 中的 MyFriends 表中，下面（　　）语句是正确的。

A. dataAdapter. Fill（dataSet，“MyFriends”）;

B. dataAdapter. Fill（dataSet，“Friends”）;

C. dataAdapter. Update（dataSet，“MyFriends”）;

D. dataAdapter. Update（dataSet，“Friends”）;

2. 判断题

(1) DataSet 对象中的表可以和数据库中的表同名，也可以不同名。（　　）

(2) 使用 SqlDataReader 一次只能读取一条记录。（　　）

(3) Microsoft ADO.NET 框架中的类主要属于 System. Data 命名空间。（　　）

3. ADO.NET 中常用的对象有哪些？分别描述一下。

8.7　实训任务

1. 在学生成绩管理系统中增加一个登录功能，界面如图 8-10 所示。单击“登录”按钮时，在数据库中验证账号和密码是否正确，如果正确，进入主界面，在数据库中新增一个用户表（账号、密码）。否则显示“错误”。

2. 完成学生成绩管理系统中的课程信息管理、成绩管理和综合查询统计模块。

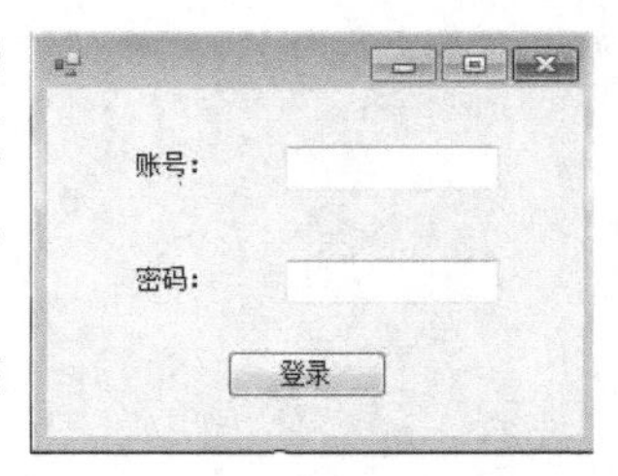

图 8-10　登录界面

参 考 文 献

[1] 周长发. C#面向对象编程[M]. 北京：电子工业出版社，2007.
[2] 程杰. 大话设计模式[M]. 北京：清华大学出版社，2007.